Web2.0 インターネット法

―新時代の法規制―

高田　寛 著

文眞堂

はしがき

　インターネットが普及し始めてから約10年が経過した。この間、インターネットは、コンピュータ技術とネットワーク・通信技術の進歩により、急速に普及していった。さらに、通信コストの低廉化とブロードバンド化により、今ではどの職場や家庭にもパソコンがあり、多くの人がインターネットを利用している。総務省統計では、すでに、わが国のインターネット世帯普及率は85%を超えている。いまや、インターネットは、水道、電気、ガスといった生活インフラと同じように、情報のインフラとしての地位を確立しつつあると言えよう。

　しかし、インターネットの普及とともに、トラブルも急増している。たとえば、最近では、スパイウェアの問題が深刻である。ホームページを閲覧しているだけで、スパイウェアがパソコンに進入し、本人が知らない間に個人の情報が盗まれてしまう。ネットバンキングで、自宅のパソコンからパスワードを入力すると、そのパスワードさえも盗んでしまい、あっという間に、銀行から多額のお金が引き出されてしまう事件が後を絶たない。

　本書は、「インターネット法」と銘打ったものの、実は、インターネット法という法律はどこの六法全書を見てもない。残念ながら、まだインターネットに関する体系的な法律は整備されていないのが現状である。インターネットの先進国であるアメリカでは、「インターネット法」というよりも、むしろ「サイバースペース法」という呼び方の方が一般的である。

　インターネットに関する法律は多岐にわたる。たとえば、ブログに書き込んだ名誉毀損的な表現は憲法、および刑法問題であり、ネットショッピングに関するトラブルは、主に民法問題である。また、詐欺的行為が発生するとそれは刑法問題、コンテンツの不正コピーは著作権法問題、外国とのトラブルは国際私法の問題と、あらゆる法律が関わってくる。本書では、できるだ

け幅広く、インターネットに関わる法律問題を取り上げた。

　もともと、インターネットは規制を好まない世界である。インターネットの利用者をアメリカでは、サイベリアン（Cyberian）とかネチズン（Netizen）と呼ぶこともある。これらの人々は、インターネット上で形成されるコミュニティに対して帰属意識を持ち、主体的に関わろうとする人々である。初期のインターネットの世界では、一定のエチケットやマナー（これをネチケットという。）を守り、ネット市民としての自由を謳歌していた。

　しかし、インターネットの普及とともに、詐欺・悪質商法的行為やトラブルが急増していった。あたかも、自由で平和な桃源郷（ユートピア）に、急に多くの人々が入り込み、その結果、喧嘩があちらこちらで起こり、また悪人どもがはびこっていったような状況に似ている。実際に、インターネット上での犯罪（サイバー犯罪）の検挙件数では、2006年上半期で見ると、不正アクセスが前年同期より34％増加し、ネットワーク詐欺が9％、児童ポルノが18％増加している。

　このように犯罪やトラブルが急増すると、インターネットの世界を規制する議論が高まる。しかし、スタンフォード大学のローレンス・レッシグ教授は、その著『CODE』の中で、インターネットの規制は法律だけではなく、コード（ソフトウェア）による規制が強力であり、コードによる規制が行き過ぎないように規制すべきであると説く。これは、従来の「規制」か「自由」かという一元的な議論に警鐘を鳴らすものであろう。

　インターネットの持つ自由・利便性に支えられて、インターネットは全世界規模で爆発的に普及した。わが国では、規制緩和政策が追い風になったことは疑う余地もない。しかし、規制のない無秩序な世界のままでいると、危険な世界として急激に利用者が離れる可能性もある。逆に、規制を強くし過ぎると、窮屈な小さな世界となり、人間が本来もつ創造性や独創性を失い、インターネットが持つ大きな可能性を損なうことにもなりかねない。

　すでに、画一的なものを尊重する時代から多様性の時代に入り、社会も個人の多様性を容認する時代へと変わりつつある。インターネットの世界も、いかに秩序を維持しながら、この人間の持つ多様性を価値あるものに変えて

いくかが、今後の大きな課題であろう。インターネットが普及し出して10年経った今、そのための法規制とはいかなるものであるか、社会のルールとしての法はどうあるべきか、を考えるよい機会であると思う。

　本書は、単に「規制」か「自由」かという議論ではなく、インターネットが利用者にとって、安心して自由に、また簡便に使えるためには、どのような法秩序またはルールが必要であるかを終始念頭において書いた。読者も本書を読みながら、一緒に考えていただければ幸いである。

　なお、本書は筆者の大学での講義ノートをまとめたものである。全体を15章に分け、大学の半期の授業の教科書や副読本として使えるように整理した。また、実例をできるだけ多く取り入れ、大学・大学院生のみならず、ITビジネスに関わる一般社会人にも、読みやすいものに工夫したつもりである。

　最後になったが、本書の執筆にあたり、原稿のすべてに目を通してご指導いただいた恩師である筑波大学名誉教授田島裕先生、知的財産権関係で、有益な助言をいただいたメディア教育研究センター教授児玉晴男先生、また、執筆の機会を与えてくださった前浦安市教育長の村井由敬先生、および国士舘大学法学部教授小林成光先生に感謝したい。

　また、本書の出版に際して、文眞堂の前野隆さん、前野眞司さんには格別のお世話になった。記して厚く御礼を申し上げたい。

2007年2月

高田　寛

目　次

はしがき
凡　例

第1章　インターネットと法 …………………………… 1

《本章のねらい》……………………………………… 1
1.1　インターネットとは ………………………… 2
1.2　サイバースペース …………………………… 3
1.3　インターネットの特徴 ……………………… 4
1.4　サイバーテロ・ネットワーク災害 ………… 9
1.5　政府の対応 ………………………………… 10
1.6　法整備 ……………………………………… 11

第2章　インターネット上の名誉毀損・企業批判 …… 15

《本章のねらい》……………………………………… 15
2.1　表現の自由とインターネット ……………… 16
2.2　名誉毀損に関する法律の規定 ……………… 17
2.3　インターネット上の名誉毀損の特徴 ……… 18
2.4　インターネット上の名誉毀損事例 ………… 23
2.5　企業批判サイト …………………………… 27
2.6　その他の企業批判サイト ………………… 30

第3章　プライバシー権とパブリシティ権 …………… 35

《本章のねらい》……………………………………… 35
3.1　インターネット上のプライバシー権 ……… 36

- 3.2 インターネット上の個人情報保護の特徴 ……………………… 38
- 3.3 代表的事例 …………………………………………………… 39
- 3.4 個人情報保護法 ……………………………………………… 42
- 3.5 物のパブリシティ権 ………………………………………… 43

第4章 サイバーポルノと青少年保護 …………………………… 47

《本章のねらい》……………………………………………………… 47
- 4.1 サイバーポルノの危険性 …………………………………… 48
- 4.2 サイバーポルノの法規制 …………………………………… 49
- 4.3 サイバーポルノの特徴 ……………………………………… 50
- 4.4 代表的なサイバーポルノ裁判例 …………………………… 52
- 4.5 風俗営業法と児童ポルノ …………………………………… 55
- 4.6 マスク処理 …………………………………………………… 57
- 4.7 外国のサーバの利用 ………………………………………… 58
- 4.8 ハイパーリンク ……………………………………………… 60
- 4.9 関連犯罪への規制 …………………………………………… 61

第5章 電子商取引 ………………………………………………… 65

《本章のねらい》……………………………………………………… 65
- 5.1 インターネットによる電子商取引 ………………………… 66
- 5.2 インターネットによる契約 ………………………………… 67
- 5.3 電子商取引の特徴 …………………………………………… 67
- 5.4 電子的メッセージによる契約の成立 ……………………… 69
- 5.5 電子的メッセージの到達の迅速性 ………………………… 71
- 5.6 通信トラブル ………………………………………………… 72
- 5.7 情報リテラシー ……………………………………………… 73
- 5.8 操作の簡便性と錯誤 ………………………………………… 74
- 5.9 クリックラップ契約 ………………………………………… 76
- 5.10 海外の電子商取引法 ………………………………………… 78

第6章　ネットビジネス …………………………………… 81

《本章のねらい》………………………………………………… 81
  6.1　電子商店 ……………………………………………………… 82
  6.2　ネットビジネスの特徴 ……………………………………… 83
  6.3　コンテンツの著作権問題 …………………………………… 85
  6.4　商標とドメインネーム ……………………………………… 86
  6.5　リンク ………………………………………………………… 87
  6.6　フレーム ……………………………………………………… 89
  6.7　電子モール運営業者の法的責任 …………………………… 90
  6.8　代金決済 ……………………………………………………… 91
  6.9　クレジットカードによる決済 ……………………………… 92

第7章　インターネットと消費者保護 …………………… 97

《本章のねらい》………………………………………………… 97
  7.1　特定商取引法 ………………………………………………… 98
  7.2　消費者から見たネットショッピングの特徴 ……………… 99
  7.3　広告規制 ……………………………………………………… 100
  7.4　誇大広告の禁止 ……………………………………………… 103
  7.5　返品特約 ……………………………………………………… 105
  7.6　クレジット販売 ……………………………………………… 106
  7.7　消費者契約法 ………………………………………………… 106
  7.8　ネットオークション ………………………………………… 107
  7.9　オンライントラストマーク制度 …………………………… 109
  7.10　迷惑メールに関する消費者保護 ………………………… 110

第8章　サイバー犯罪 ……………………………………… 113

《本章のねらい》………………………………………………… 113
  8.1　サイバー犯罪 ………………………………………………… 114

- 8.2 サイバー犯罪の特徴 ………………………………………… 115
- 8.3 煽動的表現 …………………………………………………… 117
- 8.4 サイバー犯罪を規制する刑法 ……………………………… 118
- 8.5 不正アクセス ………………………………………………… 119
- 8.6 コンピュータウイルス ……………………………………… 121
- 8.7 スパイウェア ………………………………………………… 124
- 8.8 フィッシング・ファーミング ……………………………… 125
- 8.9 迷惑（スパム）メール ……………………………………… 127

第9章 個人情報保護法 ……………………………………… 131

《本章のねらい》 ……………………………………………………… 131
- 9.1 個人情報漏洩事件 …………………………………………… 132
- 9.2 個人情報保護法 ……………………………………………… 133
- 9.3 不正競争防止法その他の法令 ……………………………… 136
- 9.4 個人情報の管理方法 ………………………………………… 137
- 9.5 クッキーと個人情報保護 …………………………………… 139

第10章 電子署名と電子認証 ……………………………… 143

《本章のねらい》 ……………………………………………………… 143
- 10.1 電子署名と電子認証 ………………………………………… 144
- 10.2 情報セキュリティ上の脅威 ………………………………… 145
- 10.3 電子署名法 …………………………………………………… 146
- 10.4 海外の電子署名法 …………………………………………… 148
- 10.5 真正な成立の要件 …………………………………………… 150
- 10.6 暗号技術 ……………………………………………………… 151
- 10.7 公開鍵方式のしくみ ………………………………………… 153
- 10.8 電子認証制度 ………………………………………………… 154
- 10.9 商業登記法 …………………………………………………… 156
- 10.10 電子決済 ……………………………………………………… 158

  10.11 電子マネー ··· 161

第11章　プロバイダ責任制限法 ······································· 167

 《本章のねらい》 ·· 167
  11.1 プロバイダの責任 ··· 168
  11.2 特定電気通信 ··· 169
  11.3 特定電気通信設備と特定電気通信役務提供者 ········· 171
  11.4 発信者 ·· 173
  11.5 損害賠償責任の制限 ······································· 175
  11.6 発信者情報開示請求権 ···································· 178
  11.7 代表的裁判例 ··· 179

第12章　デジタル著作権 ··· 183

 《本章のねらい》 ·· 183
  12.1 デジタルコンテンツ ······································· 184
  12.2 知的財産権 ·· 184
  12.3 著作権法 ··· 186
  12.4 著作者とその権利 ··· 187
  12.5 Winny 事件 ·· 189
  12.6 MP3 問題 ·· 191
  12.7 ナップスター事件 ··· 193
  12.8 私的録音録画補償金制度 ································· 195
  12.9 ソフトウェアの不正コピー ······························ 197
  12.10 ミッキーマウスとアメリカ著作権法 ·················· 198

第13章　ビジネス方法の特許 ··· 203

 《本章のねらい》 ·· 203
  13.1 新しいビジネスの創造 ···································· 204
  13.2 特許権とは ·· 206

x 目次

13.3 ビジネス方法の特許·· 208
13.4 ビジネス方法の特許の審査基準······································ 209
13.5 ビジネス方法の特許に関する代表的な事件······················· 211

第 14 章　裁判管轄と準拠法·· 217
《本章のねらい》·· 217
14.1 国際裁判管轄·· 218
14.2 アメリカの裁判管轄事例·· 219
14.3 資金移転··· 221
14.4 知的財産権と条約··· 223
14.5 Yahoo フランス事件··· 225
14.6 法の適用に関する通則法·· 227
14.7 民事訴訟手続き·· 229
14.8 消費者保護·· 232

第 15 章　ADR と裁判外紛争処理·· 235
《本章のねらい》·· 235
15.1 裁判外紛争解決手続·· 236
15.2 ADR 法·· 237
15.3 仲裁法·· 239
15.4 日本司法支援センター（法テラス）······························· 240

参考資料　インターネットによる法律情報の入手······························ 243
　　　　　わが国のインターネットに関する主な法律一覧················· 244
主な参考図書（インターネット関連）·· 245

索引·· 247

凡　例

1. 本書は、Web2.0 時代のインターネットに関する法規制はどうあるべきかをメインテーマに、インターネットに関する法律問題を 15 の項目に分け、最新の情報を基に解説したものである。
2. 本書に関する参考資料は、国際法比較法データベース・システム（以下、ICLDS と略す。）(http://www.iclds.com) に掲載している。
3. ICLDS は、ユーザ ID とパスワードを登録するだけで、誰でも無料で使用することができる。
4. 本書に関する参考資料は、ICLDS 総合検索のオプション欄に、"IL01" から "IL15"（IL は、Internet Law の略）と Input することにより閲覧できる。たとえば、本書第 4 章の「サイバーポルノと青少年保護」に関する法律情報について、より多くの情報を集めたければ、オプション欄に "IL04" と Input し検索する。すると、次の画面で法律情報の一覧が表示される。青字で表示されている文献コードをクリックすれば原文が入手できる。
5. ICLDS の使い方については、以下の著書に詳しい。
   N. プレマナンダン＝高田寛『新世代の法律情報システム－インターネット・リーガル・リサーチ－』（文眞堂、2006 年）
6. 章末の注に掲げた裁判例は、以下の通り略記される。

最大判	最高裁大法廷判決	最判	最高裁小法廷判決
最決	最高裁決定	高判	高等裁判所判決
高決	高等裁判所決定	知財高判	知的財産権高等裁判所判決
地判	地方裁判所判決	大判	大審院判決

7. 本書で資料とした判例集・法律雑誌の略称とその正式名称を以下に掲げる。

民集	最高裁判所民事判例集	刑集	最高裁判所刑事判例集
高刑	高等裁判所刑事判例集	裁時	裁判所時報
判タ	判例タイムズ	判時	判例時報
金判	金融・商事判例	ジュリ	ジュリスト

8. 本書および国際法比較法データベース・システム（ICLDS）は、筆者が所属する団体とは一切関係がない。

第1章

インターネットと法

《本章のねらい》

　インターネットは、1995年頃から、通信料金の低廉化と通信のブロードバンド化により一気に普及していった。急速なインターネットの発展に、法整備が間に合わないというのが現状である。

　この章では、新しい固有の法律問題を生み出しているインターネットの特徴である、グローバル性、双方向・リアルタイム性、不特定多数性・匿名性、複製容易性、新しいビジネスの創造、規制のしにくい世界という観点から、政府の対応や法整備について学習する。

1.1　インターネットとは

　現在では、どこの会社や家庭にもパソコンがあり、インターネットを使って電子メールを送ることができる。また、いろいろなサイトにアクセスし、各種の情報を入手することもできるようになった。すでにインターネットは、黎明期のWeb1.0時代からWeb2.0時代に移っている。自分でホームページ（ブログ）を開設している人も多く、インターネットを使ったビジネスも盛んである。今や、インターネットを経由して入ってくる情報は、電気、ガス、水道、テレビと同じように生活に欠かせないものになりつつある。また、インターネットは、情報入手の手段だけでなく、個人の情報・体験共有の場としての地位も確立しつつある。

　このインターネットとは、いったい何であろうか。そもそも、インターネットは、1969年末にアメリカ国防総省（Department of Defense/DoD）の高等研究計画局（Advanced Research Projects Agency/ARPA）が開発したARPANETという分散型コンピュータ・ネットワークが起源である。当初は、カリフォルニア大学ロサンジェルス校（UCLA）、カリフォルニア大学サンタバーバラ校（UCSB）、ユタ大学（University of Utha）、スタンフォード研究所（SRI）の4つの大学・研究所に設置されたコンピュータを回線で相互に接続し、情報通信の基礎技術が研究された。

　このプロジェクトの最大のテーマは、ある回線が切断された場合に、別の回線を使ってどのように通信するかであった。それも中心となるコンピュータ（ホスト・コンピュータ）を使わずに、相互に接続されたコンピュータがお互いに制御して、最適な通信ルートを決めるというものである。

　この技術を使えば、コンピュータをネットワークに接続するだけで、ネットワークにつながっているすべてのコンピュータと通信が可能になる。これを技術的に可能にしたのがパケット交換方式[1]とTCP/IP[2]である。現在では、全世界がネットワークで結ばれるグローバル・ネットワークを形成し、パソコンさえあれば誰でもがインターネット経由でいろいろなサイトに

アクセスすることが可能となった。たとえば、国際法比較法データベース・システム（ICLDS）のように、法律情報もインターネット経由で、無料でしかも簡単にアクセスすることができる時代となった[3]。

1.2 サイバースペース

　パソコンをインターネットに接続するだけで、パソコン画面上にインターネットの世界が展開される。この世界には多くの情報が溢れ、また相互にコミュニケートできる世界である。このようにインターネットによって作られる社会空間をサイバースペース（Cyberspace）と呼ぶ[4]。サイバースペースとは、コンピュータ・ネットワーク上の電子的コミュニケーションの世界のことであり、実社会に対する電子的な仮想社会を形成していると見ることができよう。

　サイバースペースは、パソコン画面に視覚的に表示されるため、現実とは離れた仮想空間のような錯覚を受けるが、サイバースペースは現実世界と表裏一体のものであり、ゲームのような純粋な仮想空間ではない。たとえば、ネットショッピングで商品を購入すると、かならず支払いという現実的な処理が伴う。そして、購入した物が実際に届く。このように、サイバースペースの世界は、表示や通信媒体が電子的であるということだけで、その世界は現実の社会と密接にかかわっている。サイバースペースは、パソコン画面やキーボード、マウスを通じて現実の空間とつながっていると考えることができるであろう。

　しかし、パソコン画面に表示される世界は、仮想の世界である。現実にはないショッピングモールが映し出され、そこで実際の買い物ができる。まさにゲーム感覚でショッピングを楽しむことができる。また、サイバースペースのもつ特徴ゆえに、まったく現実世界とは異なった空間を作っているというのも事実である。

　もともと、サイバースペースは一部の限られた研究者たちの空間であった。そこは、まったく自由の世界で、サイバースペースを規制するという考

え方はなかった。しかし、サイバースペースの世界が拡大するにつれ、いろいろなトラブルも発生してきており、新たな法規制が必要になってきている。

その法規制は、憲法、民法、商法をはじめ、あらゆる法領域に広がっている。たとえば、2004年6月に起きた佐世保市の同級生による女児殺人も、もとはといえば女子のホームページへの書き込みが発端であった[5]。また、集団自殺を呼びかけるホームページなど、これまでにはない社会問題もサイバースペースはかかえている。サイバー六法が必要だといわれるゆえんである[6]。

1.3 インターネットの特徴

社会における法律と科学技術との関係は、一般に法律が科学技術の後追いをするという傾向があるということは、以前から指摘されている[7]。科学技術の発展のスピードが早すぎると、法律との落差が顕著になり、両者の摩擦が社会問題として顕在化する現象である。科学技術に限らず、何か問題や事件が起こってから、しばらく経って法律が整備されるという構造は、以前から続いているといえよう。

しかし、科学技術の発展のスピードがいくら早いと言っても、よほど革新的な発明や発見がない限り、ある程度、その将来像は予測可能であると考えることができる。現在のインターネットの世界も今に始まったことではなく、10年以上前から専門家の間では、ある程度、予想されていたことである。現在のインターネットの特徴から生起される社会問題も、インターネットの特徴を深く考えれば十分に予想できたものも多い。

予想が難しいのは、それがいつ社会問題として現れるかという時期の問題である。これは技術的な問題よりも、社会情勢や経済、消費者動向に左右される。インターネットは、規制緩和政策を追い風に、通信料金の低廉化と通信のブロードバンド化により一気に普及していった。急速なインターネットの発展に、十分な法整備が間に合わないというのが現状である。ここで、新しい固有の法律問題を生み出しているインターネットのもつ特徴をまとめて

おこう。

(1) グローバル性

いったんパソコンをインターネットに接続すると、世界中のコンピュータと接続され、そこには国境のないグローバルな世界が広がる。たとえば、海外のホームページにアクセスする場合、そこには空港もなければ税関もない。そこのデジタルコンテンツを自分のパソコンにダウンロードする場合、クリックひとつで国境を越えて手元にやってくる。逆に、自分から全世界にホームページを開設することによって情報を発信することもできる。

このような特徴があるため、インターネット固有の法律問題が発生する。たとえば、なんらかの国をまたがるトラブルが発生した場合、どの国の法律で問題を解決しようとするのかという準拠法の問題がある。さらに、どこの国の裁判所で解決するのかという裁判管轄の問題が発生する。これは、インターネットの世界には、すでに国境はないが、それを規制するルールに国境があり、法律が国によって異なることに起因する[8]。残念ながら、一部を除きインターネットの国際ルールは、まだ完全に整備されていない。

(2) 双方向・リアルタイム性

新聞、テレビ、ラジオをはじめとする従来のメディアは、情報が一方向から流れる形態のものであったが、インターネットは情報の双方向性を生み出した。つまり、一方的なコミュニケーションから、双方向のコミュニケーションが可能になった。それがリアルタイムで行われると、インタラクティブ（会話型）なコミュニケーションとなる。

この双方向性という特徴により、利用者は単なる情報の受け手ではなくなり、情報の発信者となりえる。このことはインターネットにより、憲法21条が保障する「表現の自由」を、国民が容易に手に入れたことを意味する。今までは、雑誌に投稿したり出版したりするしかなく、実質的にはごく一部の人にしか与えられていなかった表現の自由の権利は、誰もが容易に手にすることができたという点で、人間の歴史上インターネットは画期的な発明であるといえる。

また、リアルタイムの双方向のコミュニケーションが可能になったことに

より、インターネットビジネスが急激に進展し、電子商取引という巨大な取引の場が形成された[9]。事業者は、ホームページを開設することにより、不特定多数の人に対して商品を陳列し、クリックにより注文を受けるというネットショッピングが可能となった。

これは、事業者にとって、今まで問屋や小売を通して販売していたものが、直接買い手に商品を販売するというメリットをもたらし、販売価格の低下と、流通プロセスの簡素化をもたらすことになった。一方、消費者にとっては、自宅に居ながらにしてショッピングが楽しめ、簡単に欲しい物を購入することが可能になった。このようにインターネットは、社会経済の構造さえも変えてしまう大きな力を持っている。

(3) 不特定多数性・匿名性

インターネットの世界では、世界中の不特定多数の人に、情報を発信することが容易に行える。電子メールを使って、多数の人に情報を発信することも可能ではあるが、ホームページ上に情報を掲載することによっても実現できる。つまり、不特定多数の人のホームページへのアクセスという行為によって、情報を発信することができるという特徴がある。

不特定多数の人と取引をするときに気をつけなければならないのが、相手が誰であるか、が特定できないことである。つまり、相手の素性がわからず、詐欺事件がおきやすい環境である。現実の世界では、顧客は、店舗のある場所へ行ってそこで買い物をする。しかし、ネットショッピングで買い物をする場合は、相手のお店の所在が確認できないまま取引をするという危険性がある。

また、インターネットの世界では、発信者の名前を明かさずに、匿名でメッセージを発信したり、取引をすることが可能である。また、他人になりすます、いわゆる「なりすまし」も起こりやすい。お互いに、相手がわからずに取引をする危険性が高いので、それを悪用する悪質な業者がはびこりやすい環境にある。

(4) 複製容易性

インターネットの世界で扱う電子データは、すべてデジタル情報である。

1.3 インターネットの特徴　7

　これらは、0か1かのデジタル情報であるので複製が容易であり、また複製したものの品質が、オリジナルと同様の品質を保っていることに特徴がある。これを悪用した場合、デジタル著作物として法的保護をうけるべきソフトが、違法コピーの対象となり、著作権侵害の問題を引き起こす。
　現に、中国では、音楽ソフト、ゲームソフト、映画ソフトが違法コピーされ、海賊版として安い価格で販売されており、警察がいくら摘発してもその手口は後を絶たない。また、違法コピーしたものを、インターネット経由で不特定多数の人に配布したり、ホームページに掲載することも容易である。
　違法コピーの典型的な事件として、アメリカで有名なナップスター事件がある。これは会員に音楽ソフトを無料で配信した事件である。これを利用すれば、いちいちお金を払ってCDを購入しなくても、好きな音楽を無料でダウンロードすることができた。これによって著作権を侵害されたとしてレコード各社から提訴された。
　このようにインターネットの世界は、いろいろなソフトを短時間で簡単にコピーでき、またその品質もオリジナルのものと同じであるという長所があるが、反面、著作権侵害を引き起こしやすい環境にあるという特徴がある。

(5)　新しいビジネスの創造
　インターネットの世界では、これを利用した新しいビジネスをいくつも生み出している。最近では、SNSのようなニュービジネスもあるが、典型的なのは、ネットショッピングであろう。従来は製造元から問屋に卸し、そこから小売店経由で消費者の手に渡っていた商品が、ネットショッピングにより、製造元がダイレクトに消費者に商品を販売することが可能になった。
　また、電子モールが誕生し、消費者は小売店に行くことなくパソコンの画面から仮想デパートに入り、次々にいろいろなお店に入り、ショッピングを楽しむことができる。現実の世界では1時間も歩くと疲れてしまい休む所を捜すことになるが、ネットショッピングでは、自宅でコーヒーを飲みながら座ってショッピングを楽しむことができる。
　このようにインターネットを使用したビジネスの中でも、産業上利用することができる発明に新規性と進歩性があるものには、ビジネス方法の特

許（ビジネスモデルの特許）として特許権が認められる。たとえば、ショッピングカートの仕組みや、逆オークションの仕組みはその一例である。インターネットの世界は、アイデアひとつで新たなビジネス・チャンスを生み出す絶好の環境であるということがいえるだろう。

(6) 情報流出の危険性

ネットショッピングを例に考えると、物を発送する場合、個人の氏名や住所などを事業者に通知しなくてはならない。つまり、インターネットの世界は個人情報に満ち溢れ、それが飛び交う世界でもある。必然的に、事業者側には、顧客の多くの個人情報が集まり、これら情報の流出や漏洩が問題となる。

また、最近では無線LANにより通信を無線で行うことが一般的になってきているが、機器さえあれば、誰でも屋内外で他人の無線通信を簡単に傍受できる。無線通信の場合、個人の受発信情報が漏れる危険性が非常に高いといえる。

(7) 規制のしにくい世界

以上、見てきたようにインターネットの世界は、その特徴によりいくつかの重要な法的な問題を含んでいる。しかし、現実の世界と異なり、インターネットの世界に交番があるわけでもなく、取り締まる警察官がいるわけでもない。非常に自由で便利な世界である反面、規制のしにくい世界であるので、悪質業者がはびこりやすく、利用者にとっては危険の多い世界である。

インターネットの世界の法規制は、ミニマム規制が原則であるといわれている。あまりにも規制が厳しすぎると、インターネットのよさである自由が奪われることになり、ダイナミックな市場原理も損なうことにつながりかねないという理由である。しかし、法規制のまったくない無秩序な世界のままにしておくと、逆に危険な世界となり、利用者の減少とともにインターネット世界そのものが萎縮してしまう可能性がある。

インターネットは、従来のメディアを取り込むような形で、マルチメディアの中心的存在となり、今後ますます拡大していくことが予想され、また期待されている。従来のパソコンだけではなく、高度な通信機能をもった携帯

端末（PDA）や携帯電話が、コミュニケーションの重要な役割をにない、また人間対人間だけではなく、人間対機械の会話のツールとしても必要不可欠のものになっていくに違いない。

インターネットの法規制は、インターネットのよさである自由を損なわない効率的であり、かつ公平な法規制が必要である。また、将来起こりうる法的問題をも、ある程度、想定したものが望ましい。

1.4　サイバーテロ・ネットワーク災害

インターネット世界の特徴として、サイバーテロおよびネットワーク災害についても触れておこう。サイバーテロとは、一般に、コンピュータ・ネットワークを通じて、各国の国防・治安を始めとする各種分野のコンピュータ・システムに侵入し、データを破壊、改ざんするなどの手段で、国家又は社会の重要な基盤を機能不全に陥れるテロ行為をいう。サイバーテロは、ハイテク犯罪の中でも、最も甚大で深刻な被害を及ぼす危険性がある。

高度情報通信技術が進歩する一方で、技術を悪用したハイテク犯罪が急増している。特に、2001年9月11日の米国同時多発テロを機に、従来の爆弾などのテロだけではなく、国内でも社会・経済の重要インフラに対するサイバーテロの脅威が高まってきている[10]。

ネットワーク災害は、地震などの天変地異によってももたらされるものばかりではない。人為的なミスや故意によって引き起こされる可能性がある。インターネットによる情報インフラは、電気、水道、ガスなどと同じように現代社会を支える基盤になりつつある。いくらインターネットの世界が、分散型コンピュータ・ネットワークであり、ひとつの回線が切断されても通信機能に影響がでないように作られているにしても、大規模な切断に対しては、その能力に限界がある。

地震や火災などの局地的な災害であれば、ほとんど問題は起きないであろうが、大規模な集団ウイルス感染により、ネットワークが世界規模で麻痺する可能性が、ゼロであるとはいいがたい。ウイルスとワクチンの関係が、コ

ンピュータ・エンジニアの技術力の競争である以上、新種のウイルスによって、大規模なネットワーク障害を引き起こす可能性はぬぐいきれない。

また、コンピュータおよびネットワーク機器のすべては、電気をエネルギーにしているので、大規模な停電の際には、まったく動かなくなることにも注意が必要である。また、今後世界規模での利用者拡大による異常なまでのトラフィック増大で、回線のスピードが極端に落ちることも想定しておく必要があるであろう。

1.5 政府の対応

わが国では、1995年頃に一般にインターネットが使われ出した。翌年マイクロソフト社のOSであるWindows95が発売されると、パソコンの販売台数の増加とともにインターネット利用者も増加していった。しかし、諸外国に比べるとその伸びはあまり大きくはなかった。その原因は、通信容量が小さかったことと通信にかかる費用が高額であったことである。また、法整備の遅れもめだった。

このような状況のなか、政府は1995年暮れに「高度情報通信社会に向けた基本方針」を発表した。その後、2000年11月に「高度情報通信ネットワーク社会形成基本法（IT基本法）」を制定した。これに基づき、わが国政府は、情報通信技術（IT）戦略本部を設置して、IT国家戦略を推進することになった。同本部は、2001年1月にe-Japan戦略を策定し、同年3月には、この戦略を具体化するe-Japan重点計画を発表した。

これによれば、すべての国民が情報通信技術を積極的に活用し、その恩恵を最大限に享受できる知識創発型社会の実現に向けて、早急に革命的かつ現実的な対応を行わなければならないとし、市場原理に基づき民間が最大限に活力を発揮できる環境を整備し、5年以内に世界最先端のIT国家となることをめざすというものである。

また、IT革命は産業革命に匹敵する歴史的大転換を社会にもたらし、ITの進歩により知識の相互連鎖的な進化が高度な付加価値を生み出す知識創発

型社会に移行することに鑑み、日本が繁栄を維持して豊かな生活を実現するには、新しい社会にふさわしい法制度や、情報通信インフラなどの国家基盤を、早急に確立する必要があるとしている。

その後、政府は、毎年 e-Japan 重点計画を見直し、2005 年 2 月に「IT 政策パッケージ— 2005 年」を発表し、世界最先端の IT 国家になることをめざした。重点的取組課題は、電子政府・電子自治体、医療の情報化、教育の情報化、情報セキュリティである[11]。

1.6 法整備

インターネット法という法律は、実は六法全書のどこを見てもない。インターネット法とは、インターネットの世界の法規制全般を総称する言葉であり、厳密な定義はない。サイバースペース法（Cyberspace Law）という用語も、ほとんど同じ意味で使われることが多い。

わが国のインターネットに関する法律は、民法、商法をはじめとする、さまざまな法律の中に断片的に分散している。これは、従来の民法、商法をベースに、インターネットを使用した場合の特性を考慮した形で、修正・追加が行われているからである。また、「電子消費者契約及び電子承諾通知に関する民法の特例に関する法律」（電子消費者契約法）のような特別法もあるが、インターネットの世界全般を対象とする特別法は、まだ制定されていない。

インターネットの先進国であるアメリカでは、すでにインターネットの世界に対して、サイバースペース法という独立した法分野がある。また、サイバースペース法を専門に研究する学者や研究者が多数おり、積極的な研究活動を行っている。その対象は、ネット上の表現の自由と名誉毀損、個人情報保護をはじめとする憲法問題、ネット上の契約、不法行為、電子商取引、ネット証券の民法・商法上の諸問題から、詐欺、ハッキングをはじめとする刑法上の問題、知的財産権、国際私法の問題と、法領域を限定することができないぐらいに広い。

すでに、インターネットの世界は、現実の社会と同じくらい成長した仮想社会を形成している。もはや、従来の実社会だけを想定した法律のパッチワーク的な法整備からできるだけ早く脱却する必要がある。インターネットの世界の法的な問題は、今後あらゆる分野にわたることが予想されるため、世界全体を対象とする統一的な法律が必要となるに違いない。この状況は諸外国でも同じであり、今こそ「国際的な整合性をもったルール整備」が必要であろう。

以下、本書の章ごとに、主な法律を簡単に紹介しておこう。

第2章から第4章までは、表現の自由を中心とした憲法問題について取り上げる。第2章では、インターネット上の名誉毀損について説明する。これは表現の自由と密接にかかわる問題であり、関係する法律は、憲法、民法、刑法が中心である。第3章では、インターネット上のプライバシー権とパブリシティ権について説明する。ここでは、憲法および個人情報保護法が関係する。第4章では、サイバーポルノと青少年保護について説明する。関連法律としては、憲法、刑法、風俗営業法、児童買春・児童ポルノ禁止法、出会い系サイト規制法がある。

第5章から第7章までは、民法関連問題を中心に、電子商取引、ネットビジネス、消費者保護法制について説明する。第5章は、電子商取引について説明する。関連法律は、民法、電子消費者契約法である。第6章は、ネットビジネスについて説明する。関連法律は、民法、特定商取引法、商標法、著作権法である。第7章は、インターネットと消費者保護を説明する。関連法律は、民法、特定商取引法、消費者契約法、特定電子メール法である。

第8章と第9章は、刑法を中心にインターネットを利用した犯罪について説明する。第8章は、サイバー犯罪について説明する。関連法律は、刑法、破防法、不正アクセス防止法である。第9章は、個人情報保護法について説明する。

第10章と第11章は、インターネットに固有の法律として、電子署名と電子認証、プロバイダ責任制限法を取り上げる。

第12章と第13章は、インターネット上の知的財産権に関する問題を取り

上げる。第 12 章では、デジタル著作権について説明する。この章の関連法律は、著作権法である。第 13 章では、ビジネス方法の特許について説明する。この章の関連法律は、特許法および独占禁止法である。

　第 14 章では、裁判管轄と準拠法について説明する。第 15 章では、裁判外紛争解決手続きについて解説する。これらの関連法律は、法の適用に関する通則法（旧法例）、民事訴訟法、ADR 法、仲裁法である。

注
（1）　データを送信するときの方式。パケットとよばれる小包に分割して送られる。
（2）　TCP（Transmission Control Protocol）は、end-to-end（データの送り手と受け手の間）でデータの信頼性を確保するプロトコル（通信規約）であり、IP（Internet Protocol）は経路制御（データをどのような経路を通して通信するか）を行うプロトコルである。
（3）　N. プレマナンダン＝高田寛『新世代の法律情報システム』（文眞堂、2006 年）4 頁。
（4）　平野晋＝牧野和夫『判例国際インターネット法』（プロスパー企画、1998 年）36 〜 39 頁。
（5）　長崎新聞（2004 年 6 月 2 日）http://www.nagasaki-np.co.jp/
（6）　牧野和夫『ネットビジネスの法律知識』（日本経済新聞社、2001 年）36 〜 38 頁。
（7）　谷口知平＝於保不二男＝川島武宜＝林良平＝加藤一郎＝幾代通編『新版注釈民法（13）』（有斐閣、1996 年）250 頁　［松本恒雄執筆］。
（8）　牧野・前掲注（6）183 〜 189 頁。
（9）　内田晴康＝横山経通『インターネット法（第 4 版）』（商事法務、2003 年）4 頁。
（10）　警視庁サイバーテロ対策協議会ホームページ
　　　（http://www.keishicho.metro.tokyo.jp/haiteku/cyber/cyber.htm）（2006 年 12 月 4 日アクセス）。
（11）　高度情報通信ネットワーク社会推進戦略本部（IT 戦略本部）
　　　（http://www.kantei.go.jp/jp/singi/it2/）（2006 年 12 月 4 日アクセス）。

第2章

インターネット上の名誉毀損・企業批判

《本章のねらい》

　インターネット上のホームページに、自分の意見を紹介したり、また電子掲示板に、誰もが自由にそこに書き込みができるようになった。このような表現の自由は、憲法21条で基本的人権のひとつとして保障されている。インターネットは表現の自由をすべての国民に保障する画期的なツールであるといえよう。

　しかし、時として、インターネット上の自由な表現は、名誉毀損的な表現につながることがある。この章では、主に、インターネット上の表現の自由と名誉毀損について考えることにしよう。

2.1 表現の自由とインターネット

　最近では、インターネットを媒介とした痛ましい事件が多く発生している。ある信用金庫の中小企業に対する不正融資事件では、ホームページ上に、事件の当事者とされる人や当該事件に対する書き込みがなされた。個人名の掲載はなかったものの、企業名と個人名のイニシャルを公開したため、簡単に個人が特定できた。その結果、その情報が瞬時にして噂として広く伝播し、最終的に、その中小企業は倒産に追い込まれた。また、事件の当事者とされる人物も自殺した。

　憲法21条1項は、「集会、結社及び言論、出版その他一切の表現の自由は、これを保障する。」と規定しており、表現の自由を国民の権利として認めている。表現の自由とは、人の内心の精神作用を、外部に向かって公表する精神活動の自由のことをいい、個人が言論活動を通じて自己の人格を発展させるという個人的な価値（自己実現の価値）と、言論活動によって国民が政治的意思決定に関与するという民主政に資する社会的な価値（自己統治の価値）をもつ[12]。

　表現の自由は、国民が自ら政治に参加するための不可欠の前提となる権利である。民主主義の社会では、一人ひとりの個人が自由に意見を述べてはじめて成立する制度である。適切な意思決定を行うには、必要十分な情報とそれに基づく議論が必要である。そのためには、情報を得て、十分に議論するための表現の自由は、国民の必要不可欠の権利であり、民主主義の根幹をなすものであると言えよう。

　インターネットが出現するまでは、一般大衆は、マスメディアである新聞、雑誌、放送、出版を使って自分の意見を述べることは難しかった。多くの国民は、表現の自由という権利を保障するツール（道具）を持ち合わせていなかったといえよう。しかし、現在では、パソコンさえあれば、国民の誰もが、ホームページやブログ（日記風の個人の簡易なホームページ）を開設することにより、自分の意見を広く公開することができる。また、自分自身

のホームページを開設せずとも、誰でもが自由に書き込むことができる「2ちゃんねる」のような電子掲示板を見つけることができる。そこに自由に書き込むことにより、不特定多数の人に自分の意見を知ってもらい、また、そこで意見の交換や議論をすることも可能である。

ホームページや電子掲示板の書き込みは、非常に簡単に、不特定多数の人に自分の意見を知ってもらう機会を与えるものである。新聞、雑誌、放送、出版と同じような効果が期待でき、表現の自由が保障される。このように、インターネットは、表現の自由をすべての国民に保障する画期的なツールであるといえる。

2.2 名誉毀損に関する法律の規定

この章では、文字情報として表現されるインターネット上の名誉毀損について考えることにしよう。

表現の自由は、憲法21条で保障されているが、名誉毀損は法律で禁止されている。人の名誉を保護しようとすれば、表現の自由を制約することになり、一方、表現の自由を強調すれば人の名誉の保護の範囲は狭くなることになる。このように、表現の自由と名誉の保護の関係は、相反する価値基準に立つので、実社会において両者をどのように調和させバランスを保つかが問題となる。判例では、名誉毀損は表現の自由の濫用であるから、それを制約することは憲法21条に違反しないと判示している[13]。

名誉毀損について、刑法230条1項は、「公然と事実を摘示し、人の名誉を毀損した者は、その事実の有無にかかわらず、3年以下の懲役若しくは禁錮又は50万円以下の罰金に処する。」と規定している[14]。名誉毀損罪に似たものに侮辱罪がある[15]。侮辱罪について、刑法231条で「事実を摘示しなくても、公然と人を侮辱した者は、拘留[16]又は科料[17]に処する。」と規定している。なお、名誉毀損罪は親告罪[18]である。民事上、名誉毀損も侮辱も、民法709条の不法行為が成立する。

このような構成要件をすべて具備していたとしても、すべての事案が名誉

毀損にあたるかというとそうではない。違法性阻却事由[19]として、その事実が公共の利害に関する事実である場合であり、刑法230条の2にその規定がある。これは、「国民の知る権利」を保障するものである。

　刑法230条の2第1項は、「前条（刑法230条）第1項の行為が公共の利害に関する事実に係り、かつ、その目的が専ら公益を図ることにあったと認める場合には、事実の真否を判断し、事実であることの証明があったときは、これを罰しない。」と規定する。つまり、①摘示した事実が公共の利害に関する事実であって、②公共の利益（公益）を図る目的でなされた場合であり、③その事実が事実である（事実であることの証明がある場合）には、名誉毀損罪は成立しない。

　この規定は、名誉毀損行為に公共性と公益性がある場合には、人の名誉の保護よりも表現の自由に重きをおいたものである[20]。具体的に、国政に影響を与える政治家についての報道がこれにあたる。政治家の事実を、国民の知るべき事実としてマスコミが報道し、その結果、その政治家の社会的評価が低下した場合であっても、そこに公共性と公益性が認められ、その事実が事実であることを証明した場合は、名誉毀損には当たらない。

　事実が事実であることの証明について、厳格にこれを裁判に適用した判例[21]があるが、夕刊和歌山時事事件の最高裁判決[22]はそれを覆した。この判例では、事実が事実として完全に証明できなくても、事実が事実であると信じたことに相当の理由があるときは、名誉毀損罪は成立しない。これを「相当の理由」基準という[23]。

2.3　インターネット上の名誉毀損の特徴

　名誉毀損は、基本的には言論によって行われ、文書によるもの（libel）と口頭によるもの（slander）がある。インターネット上でも両者が考えられる。文書によるものはデジタル化された文字情報として表現される。具体的には、ホームページ上での表現や、電子掲示板への書き込みである。一方、インターネット上でも口頭による名誉毀損が考えられる。それは、音声と

画像を組み合わせて映像化し、それをホームページにアップロードして不特定多数の人に閲覧させる方法である。ただし、インターネット上の名誉毀損は、文字情報が圧倒的に多い。

では、人の名誉とはいったい何であろうか。人の名誉とは、世間から得る社会的評価のことであり、人格権のひとつであると考えられている。名誉毀損とは、このような人の社会的評価を低下させるような事実を不特定多数に向けて発信する行為であり、個人の尊厳を損なうことにつながる。この事実は虚偽のものである必要はなく、事実であっても名誉毀損は成立するとされている。

インターネットでは、ホームページへの掲載や電子掲示板の書き込みをすることが、不特定多数に向けて発信することであるので、これらの表現が、人の社会的評価を低下させるような事実である場合には、名誉毀損となりうる。

インターネット上の名誉毀損は、インターネットの持つ特徴がゆえに、従来の新聞、雑誌、放送、出版のようなマスコミによる名誉毀損と異なる以下の特徴を持つ。

(1) **匿名性**

インターネット上の名誉毀損の特徴として匿名性がある。たとえば、「2ちゃんねる」は、多くの利用者をもつ電子掲示板である。そこには、不特定多数の人が自由に書き込みを行い、また閲覧することができるが、書き込みは原則、匿名である。たとえば、自らの実名を明かす必要はなくハンドルと呼ばれるニックネームをきめ、会員相互で互いにハンドルネームでコミュニケーションを行う。何でも自由に書き込め、かつ書いた者が特定できないような環境では、自分の意見に責任を持たない風潮が生じ、また過激な表現も生じやすい。また、ホームページも、開設者が特定できないものの場合、匿名の電子掲示板のと同じ環境であるといえる。このように、匿名性は、過激な表現を生みやすく、名誉毀損が起きやすい環境を作っている。

また、インターネット上の匿名性は、書き込みをした者を特定することが難しい。いったん名誉毀損的表現があると、被害者は加害者（書き込みをし

た者）に、その表現の削除、および謝罪を求めることになろうが、相手を特定できない以上、誰に要求したらいいかわからない。この場合、電子掲示板の運営者やプロバイダにその措置を求めることになる。（プロバイダの責任については、第11章を参照。）

(2) 簡便性・即時性

　従来の新聞、雑誌、放送、出版のようなマスコミでは、事件を記事にしたり、番組を放送するには、膨大な手間と時間がかかったが、インターネット上での書き込みは、それらと比べ物にならないほど簡単に行える。たとえば、雑誌にある記事を掲載する場合は、その記事を書くことから始まり、何人もの手を経て記事として掲載される。原稿は、記事になる前に、複数の人が目を通し、不適正な表現があれば、そこで表現の仕方を再考される可能性がある。

　しかし、インターネット上の名誉毀損は、その簡便さゆえに、その表現を深く考えることなく、感情に任せたまま、密室で単独で行うことができるという特徴をもつ。この結果、匿名性と同様、過激な表現を生みやすく、さらに、身近なところで、名誉毀損を起こしやすい環境にあるといえる。

　また、簡便であるがゆえに即時性をもつ。インターネットの持つ即時性は、インターネット上の名誉毀損だけでなく、インターネットによる表現のすべてに共通する。たとえば、2005年4月25日に起きたJR福知山線の脱線事故の報道は、マスコミの中でも比較的報道が早いとされるテレビ・ラジオよりも、インターネットによる情報発信の方が早かった。

　インターネット上にいったん名誉毀損的表現が書き込まれると、その情報は、一瞬にして、不特定多数の者に発信される。とくに、ホームページが、地域のコミュニティや、パブリック・フォーラムを形成している場合があるが、この中での人の社会的評価を低下させるような名誉毀損的表現が、瞬時にして広まることにより、いやがらせ、いじめ、報復的攻撃、殺人にまでも短期間にエスカレートする危険性がある。2004年6月1日に起きた佐世保市の小6女児同級生殺人事件も、もとはといえばホームページの書き込みが原因であり、それに腹を立てた女児が犯行に及んだ。

(3) グローバル性

従来の新聞、雑誌、放送、出版では、情報を発信しても、その届く範囲に限界がある。たとえば、新聞では全国紙、地方紙、県紙と発行する地域に制限がある。放送も、基本的に、電波の届く範囲に限られる。雑誌や書籍は、比較的広範囲に情報が届くが、インターネットの比ではない。

インターネット上の情報は、いったんホームページにアップロードすると、世界中にその情報を発信することができる。パソコンとインターネットに接続できる通信回線さえあれば、世界中どこでも閲覧することができる。あとは受け手側の問題であり、表現された言語を理解できるかどうかだけの問題である。

たとえば、前述の佐世保市の小6女児同級生殺人事件では、電子掲示板「2ちゃんねる」で、加害者の少女の写真とされるものが出回った。そのTシャツに「NEVADA」とプリントされていたことから、その少女に「NEVADA」という呼称をつけ、「史上最も可愛い殺人者」としてファンクラブ的な動きをする者まで現れた。2ちゃんねる内で用いられる「～たん」と組み合わせられ「NEVADAたん」と呼ばれたが、他の英語版のホームページの表現では「Nevada-Tan」として海外向けにも紹介された。

(4) プロバイダの責任

電子掲示板の管理責任者やプロバイダは、いかなる責任を負うことになるのか、また、何をすればいいのかが問題となる。また、管理責任者やプロバイダは法人（企業）である場合が多いが、そこで働くシステム・オペレーター（シスオペ）は、いかなる責任を負うかが問題となる。これらについては、「特定電気通信役務提供者の損害賠償責任の制限及び発信者情報の開示に関する法律」（平成13年法律第137号）が平成14年5月27日に施行された。本法は、一般に「プロバイダ責任制限法」と略称されているので、本書でもこの略称を使うことにする。このプロバイダに関する責任は、第11章「プロバイダ責任制限法」で詳しく紹介する。

(5) インタラクティブ性

インターネットの特徴としてインタラクティブ性がある。従来の新聞、雑

誌、放送、出版は、基本的に一方向性の情報であり、発信側（新聞社、雑誌社、放送局、出版社）と受信側（一般大衆）がはっきり分けられていた。たとえば、新聞の社説でも、一般大衆のひとりが異なる意見をまとめて掲載したいと思っても、それは許されない行為であった。最近は、双方向TV、FAXや電話を使うことにより、放送の番組に視聴者が参加することもできるようになったが、それは一部に限られている。

　しかし、インターネット上では、電子掲示板に書き込みがなされた場合、その情報発信は一方的ではなく、完全に双方向で情報の発信と受信をすることができ、意見の交換や、議論をすることが容易にできる。たとえば、自らの発言が原因で、その批判として名誉毀損がなされた場合を考えてみよう。人の名誉毀損が言論によってなされた場合、それに対する反論も言論で対抗することができれば公平である。これを「対抗言論」（more speech）という。

　言論の自由の観点からすると、名誉を毀損されたと思った者は、対抗言論で名誉の回復をはかるべきであり、そのためには、両者が同じ言論手段を有していることが条件である。たとえば、ある雑誌上において名誉を毀損されたとすれば、その雑誌を用いて反論できることが必要である。

　インターネットの特徴であるインタラクティブ性によって、従来のマスメディアよりも、このような対抗言論が行いやすい環境にあるといえる。たとえば、電子掲示板に名誉毀損的な発言があった場合でも、それに対して反論することによって議論を深めていくことができる。また議論を深めていくことによって、お互いの誤解が解けるかもしれない。しかし、議論にならない悪意に満ちた誹謗中傷もある。この場合、反論することができず、また反論しても意味がない場合がある。

　以上、インターネット上の名誉毀損の特徴をいくつか見てきたが、これらの特徴から言えることは、インターネット上の名誉毀損は、誰でもが加害者になり得るものであり、また誰でもが被害者になり得る環境に、我われが置かれているということであろう。

2.4 インターネット上の名誉毀損事例

この節では、わが国の、これまでの代表的なインターネット上の名誉毀損事件をいくつか紹介しておこう。

(1) ニフティー FSHISO 事件

インターネット上の名誉毀損事件ではないが、パソコン通信ネットワーク上の事件として、ネット上での名誉毀損事件のリーディング・ケースとなったのが、ニフティーサーブ現代思想フォーラム（ニフティー FSHISO）事件である[24]。ニフティーサーブとは、ニフティーが運営していた日本最大のパソコン通信サービスであった。1987 年に運営を開始し、最盛期には国内で 300 万人近い会員がいたと見られる。

この事件は、ニフティーサーブが会員間の意見交換や議論のために用意した「フォーラム」において名誉毀損が行われたというものである。このフォーラムは、ある特定の趣味や話題に興味のある会員同士がコミュニケーションをとることのできるサービスであった。原告（ハンドルネームは Cookie）は、ニフティーの現代思想フォーラム（FSHISO）スタッフの一員で、フェミニズム会議室を主催していたが、原告は会員でもあり、このフォーラムに積極的に関与し、女性の自立や中絶の許容性について自己の離婚暦や中絶の経験を語りながら主張していた。

ところが、被告（ハンドルネームは、LEE THE SHOGUN）は、会議室の運営を批判し、また原告の主張に対する批判文を掲載したが、しだいに議論がエスカレートし、被告の表現の中に、原告の名誉を毀損する表現があったとし、原告は不法行為を理由とする損害賠償を請求した事件である。また、原告は、LEE THE SHOGUN 氏だけでなく、フォーラムの管理者であるシステム・オペレーターとシステム・オペレーターを雇用していたニフティーサーブも、LEE THE SHOGUN 氏の発言を放置したという理由で被告とされた。

東京地裁は、被告である LEE THE SHOGUN 氏の書き込みに対し名誉毀損の成立を認めた。また、書き込みを放置したとして、システム・オペレー

ターについて、「フォーラムに書き込まれた発言の内容を常時監視し、名誉毀損的発言がないかを探知したり、すべての発言の問題性を検討するといった作為義務まではないものの、他人の名誉を毀損する発言が書き込まれていることを具体的に知ったと認められる場合には、シスオペの地位と権限に照らし、名誉が不当に害されることがないよう必要な措置をとるべき条理上の作為義務がある。」とし[25]、フォーラムの管理者であるシステム・オペレーターとその使用者であるニフティーサーブの責任も一部認めた。

控訴審の東京高裁では、LEE THE SHOGUN 氏の書き込みについては、東京地裁同様、名誉毀損を認めたものの、削除義務違反の存否については、シスオペは、「削除を相当とすると判断される発言についても、従前のように直ちに削除することはせず、議論の積み重ねにより発言の質を高めるとの考え方に従って本件フォーラムを運営してきており、このこと自体は、思想について議論することを目的とする本件フォーラムの性質を考慮すると、運営方法として不当なものとすることはできない。」と判示した[26]。

この控訴審判決では、削除義務違反の存否について、① 削除に当たるような発言も、直ちに削除せず、会議室利用者間の議論の積み重ねにゆだねようとした（対抗言論により議論の質を高めるという、ニフティーの運営方針による）。② 発信者への注意喚起を遅滞なく行った。③ 削除権限の行使が、著しく遅れたとはいえない、というシステム・オペレーターの対応が評価された。なお、この判決は、後のプロバイダ責任制限法制定に大きく影響を与えた事件であった。

(2) ニフティーFBOOK 事件

この事件は、発信者情報開示に関連して、ニフティーの「本と雑誌のフォーラム」（FBOOK）を舞台におきた事件である。このフォーラムでも会員同士の発言がトラブルとなった。原告（被害者）は、名誉毀損をした相手に対してプライバシー侵害、名誉毀損を理由に損害賠償請求訴訟を起こそうとしたが、相手はハンドルネームを使っているため相手を特定することができなかった。

そこで原告は、名誉毀損的表現をした相手である会員を特定するため、ニ

フティーにその者の情報開示を求めた。しかし、ニフティーはこれを拒否した。その後、原告は、ニフティーに対しハンドルネームの使用中止を要求したが、これも拒否された。そこで、原告はニフティーに対し、相手会員の契約情報の開示、および損害賠償を請求した。この事件は、ニフティーだけを訴え、名誉毀損的表現をした相手会員と、システム・オペレーターを訴えていないところに特徴がある。

原告の請求根拠は、ニフティーが発信者情報を秘匿していることは、原告の名誉回復機会を妨害しており、人格権に基づく差止請求権、不法行為に基づく妨害排除請求権である。ニフティーは、相手方会員に対してなんら処分を行わず、紛争解決に向けた協力をしなかった理由による。

東京地裁は、「パソコン通信上の発言が人の名誉ないし名誉感情を毀損するか否かを判断するに当たっては、発信内容の具体的吟味とともに、当該発言がされた経緯、前後の文脈、被害者からの反論をも併せ考慮したうえで、パソコン通信に参加している一般の読者を基準として、当該発言が、人の社会的評価を低下させる危険性を有するか否か、対抗言論として違法性が阻却されるか否かを検討すべきである。」とし[27]、原告の請求は棄却された。このように、東京地裁は、対抗言論を違法性の阻却事由として挙げている。なお、この事件も、後のプロバイダ責任制限法制定に大きく影響を与えた事件である。

(3) **都立大学事件**

この事件も、ホームページ上の名誉毀損、およびそのホームページの管理者の責任が争われた事件である。ことの発端は、原告が傷害事件を起こして逮捕されたという名誉毀損的文章が、都立大学Ａ類学生自治会ホームページに掲載され、原告が、それを掲載した者と管理者である都立大学を、名誉毀損および削除義務の不履行の理由で訴えた事件である。

東京地裁は、名誉毀損を認めたものの、削除義務の不履行については、「作為義務の点について、ネットワークの管理者が被害者に対して責任を負うのは、名誉毀損文書が発信されていることを現実に認識しただけでなく、その内容が名誉毀損文書に該当すること、加害者の態様が甚だしく悪質であ

ること及び被害の程度も甚大であることなどが一見して明白であるような極めて例外的な場合に限られる。」とした上で、ネットワーク管理者において、ホームページを削除するための措置をとるべき義務を負うとはいえないとした[28]。

(4) 2ちゃんねる「ペット大好き掲示板」事件

　この事件は、2ちゃんねる動物病院名誉毀損事件とも呼ばれている。この事件では、インターネット上の名誉毀損の成立が認められたと同時に、2ちゃんねるの削除義務違反を認めた[29]。被告の運営するインターネット上の電子掲示板「2チャンネル」のスレッド「ペット大好き掲示板」において、原告（動物病院）の名誉を毀損する発言が書き込まれたにもかかわらず、被告（2ちゃんねる）が発言削除の義務を怠り、原告らの名誉が毀損されているのを放置したとして損害賠償請求するとともに、名誉毀損的発言の削除を求めたものである。東京地裁は、名誉毀損の成立を認め、また2ちゃんねるの削除義務を「被告は、本件掲示板において違法な発言がなされないように最大限の注意を払い、然るべき措置を講じ、違法な発言がなされた場合にはこれを直ちに発見して、違法な発言を削除するなどして損害の発生拡大を防止すべき条理上の義務を負っているというべきである。」と判示した。

　なお、この控訴審でも名誉毀損の成立と削除義務が認められた[30]。削除義務に関して、東京高裁は、「電子掲示板のようなメディアは、それが適切に利用される限り、言論を闘わせるには極めて有用な手段ではあるが、本件においては、本件掲示板に本件各発言をした者は、匿名という隠れみのに隠れ、自己の発言については何ら責任を負わないことを前提に発言しているのであるから、対等に責任をもって言論を交わすという立場に立っていないのであって、このような者に対して言論をもって対抗せよということはできない。そればかりでなく、被控訴人（動物病院）は、本件掲示板を利用したことは全くなく、本件掲示板において自己に対する批判を誘発する言動をしたものではない。」と判示し、このケースの場合の対抗言論を否定した。

(5) RC-VAN チャット・ログ事件

　パソコン通信上の名誉毀損の成立を否定した事件としては、RC-VAN

チャット・ログ事件がある[31]。この事件では、会員がパソコン通信において他の会員の会員番号不正使用の疑惑を指摘した発言を掲示した行為が、他の会員の社会的評価を低下させたものかどうかが争われたが、東京地裁は、他の会員の社会的評価を低下させたものとはいえないとして、名誉毀損の成立を否定した。

以上、インターネット上の名誉毀損の代表的な裁判例を紹介したが、これらはプロバイダ責任制限法制定以前の事例であり、多くの場合、名誉毀損した側とされた側の当事者同士の関係だけでなく、システム・オペレーターやプロバイダの責任が問われる事件が多いことがわかる。これらプロバイダの責任については、プロバイダ責任制限法によって一定の解決をみたが、これについては第11章「プロバイダ責任制限法」で詳しく見ていくことにする。

2.5 企業批判サイト

購入した製品に不具合があり、修理や保守サービスを要求したところ、企業の対応に不快感を覚えた者もいるであろう。インターネットがない時代は、友人や知人にその不快感を話す程度であったが、現代は、インターネット上のホームページや電子掲示板を通して、その企業の対応の悪さや不快感を表現することができる。

また、なかには企業に対するクレームの書き込みを専門とする電子掲示板や、告発系ホームページもある。これは、消費者のさまざまな情報を収集し、それを消費者が閲覧することにより、企業や商品・サービスについての通常ではわからない情報を入手することを目的とするものも多い。とくに、医療過誤事件が多い昨今、病院に対する情報サイトは人気サイトで、患者が病院を選ぶ場合に役立っているようである。

このような、商品・サービスそのものや、商品・サービスの販売行為に対する批判は、企業に対する名誉毀損や侮辱のほかに、信用毀損や業務妨害の問題になる可能性がある。業務妨害罪について、刑法は、「虚偽の風説を流

布し、又は偽計を用いて、人の信用を毀損し、又はその業務を妨害した者は、3年以下の懲役又は50万円以下の罰金に処する。」と規定している（刑法233条）。また、競争関係にある他人の営業上の信用を害する虚偽の事実を告知し、または流布する行為は、不正競争に該当する(32)。

商品や商品の販売活動を消費者が公の場で批判することは、表現の自由として強く保護されており、自由な発言が認められているが、風説の流布のような不当な発言は保護の対象とはなりえない。正当な発言として認められるのは、① その事実が公共の利害に関することであり（公共性）、② 発言が公共の利益を図る目的でなされ（公益性）、③ その事実が真実である（真実性）ことが必要とされる（刑法230条の2）。これらの要件を欠いた場合には、業務妨害罪となる可能性もある。

ここでは、代表的なインターネットによる企業批判事件を紹介しよう。

(1) 東芝HP事件

1999年に起きた「東芝HP事件」はそれを象徴する出来事であった。この事件では、「ビデオデッキの不具合について問い合わせたら暴言を浴びせられた。」と、福岡市の男性会社員が、東芝（本社・東京）のアフターサービスの姿勢に抗議するホームページを開設したことが発端である。通常、マスメディアに頼らずに、自ら情報を発信していく方法は、これまでその伝播力は小さいと考えられており、インターネット上の個人のホームページであっても、それほど情報の伝播力はないと考えられていた。しかし、この抗議のホームページでは、同社の担当者の「暴言」が実際に聞けるため、インターネット上で反響を呼び、アクセス件数は1ヶ月余で160万件を超えた。また、この問題を論議する掲示板や、不買運動を呼びかけるページをつくる人も現れた。

事態を重く見た東芝は、会社員との交渉の経緯を記して「当社は一貫して誠意を持って対応している。」と説明する異例の文書を、同社のホームページ上で発表した。これによる同社のイメージ・ダウンのダメージは計り知れないものとなった。

東芝HP事件は、これらを法廷で議論されることなく、最終的には和解と

なったが、インターネット上の個人の情報発信が社会的な影響を与えることができるようになったという事実を知らしめた事件である。

(2) 都内予備校事件

匿名電子掲示板に書き込まれた企業批判として都内の予備校の事件がある[33]。問題となったのは、「milkcafe」という名称の、大学受験生や中高生を主な対象としている匿名電子掲示板である。これは、大学別や予備校別に150以上の掲示板が作られていた。このなかに、「あそこはカネになれば何でもいい」、「だまされる生徒が後を絶たない」、「親の間に不信感が広まっている」、「この予備校の授業は役に立たなかった」、「はっきりいってぼったくり」といった書き込みがあった。

これを重く見た予備校側は、「milkcafe」主催者に、「○○学院被害者の会」というスレッド自体の削除を含め、これらの書き込みの削除を求めた。しかし、「milkcafe」主催者は、あまりにもひどい表現については削除したが、「授業料が高い」といった内容の書き込みまでは削除しなかった。その後、予備校側は「milkcafe」主催者に対し、これらの削除と損害賠償を請求した。

これに対し、東京地裁は、「……といった書き込みは○○学院の授業に対する不満や批判で、学校の社会的評価はいっていの低下を免れない。しかし予備校として生徒を集めている以上、批判や意見は当然あり得るもので、公表されたからといって非難することはできない。またこうした内容や言葉づかいは、通常の批判や意見の域を出ているとは考えられず、表現の自由の範囲内として許容すべきである。」と判示した[34]。

(3) その他の企業批判サイト

「悪徳商法？マニアックス（悪マニ）」は、悪徳商法の被害者が集う掲示板を中心とする日本最大の消費者問題情報サイトであり、毎日1万人の利用者が訪れていた。この情報サイトに、宝飾品やアパレルの販売・商品企画を業とするウェディングの販売方法が、アポイントメント商法（デート商法）ではないかとの疑惑がもたれ、当該情報サイトの管理者 Beyond 氏が、ウェディングから名誉毀損で訴えられた事件である。

ウェディングは、Google 検索エンジンにもクレームをつけ、悪マニを検索結果に表示されないように要求した（通称：Google 死刑、Google 八分）。最終的に和解が成立したものの、インターネット上の表現の自由を再考する事件であり、おおきな波紋をよんだ事件であった[35]。

このように、掲示板の書き込みは、企業からみると信用毀損・営業妨害だとして民事・刑事の双方で告訴する可能性がある。実際、企業では企業批判サイトの書き込みへの対処を検討するところさえある。消費者による企業批判のホームページは、数え切れないほどあり、今後ますます増えていくことが予想されるがいずれにせよ、その公開した情報には公共性、公益性、真実性が不可欠である。

2.6 その他の企業批判サイト

そのほか、企業に対する批判や告発で、身近に起こり得る代表的事例を紹介しよう。一般論としては、法人は自然人と違って人格権があるとは直ちに言いきれず、暖簾の侵害の場合のように、争点は主に財産権の侵害にある。不公正競争の禁止のように、個人の名誉毀損とは異なる法理論で処理されることが多い。

(1) 自社の不祥事を電子掲示板で告発した事例

企業の不祥事が明るみになる場合、その原因が内部告発によるものである場合が多いが、インターネットの特徴である匿名性がゆえに、この内部告発をネット上の電子掲示板に書き込むことが増えている。このような行為は、はたして許されるのであろうか。

名誉毀損も侮辱も、人や法人を公然と誹謗中傷し、その社会的信用を損なうという要件は同じである。違いは名誉毀損が、具体的な事実を摘示することを要件としている点である。名誉は、人格権のひとつであるから、法人の名誉毀損は、人格権に基づくものではなく、信用を失うことによって財産的価値を損なうものであるから、財産権に基づくものである。しかし、判例では、法人の名誉毀損を認めているものもある[36]。

会社の不祥事をインターネット上に公開する行為は、公然と事実を摘示して社会的信用を損なうものであるから、原則として名誉毀損罪にあたる。違法性が阻却されるためには、その行為が、① 公共の利害に関するものであり（公共性）、② 公益を図る目的でなされ（公益性）、③ その事実が真実であること（真実性）が必要である。

　このうち、内部告発で難しいのが、③ の真実性である。告発者の指摘した事実が真実であるという立証は、多くの場合困難を伴う。批判された会社が事実でないとして反論し、詳細な調査の結果、その事実が真実でなかった場合は、通報者は窮地に追い込まれることになる。

　ただし、事実は真実として完全に証明ができない場合でも、通報者がその事実を真実であると誤信し、その誤信したことについて、確実な資料・根拠に照らし相当の理由があるときは、名誉毀損罪は成立しないこともある（最判昭和44年6月25日）。これを「相当の理由」基準という。

　なお、多くの場合、会社の中での調査や推察により通報者が特定される場合が多い。その場合、通報者にとって会社内で不利益を蒙ることが予想され、そうした懸念が通報を躊躇させてしまう原因となる。これを「萎縮効果」（chilling effect）という。

　このため、2006年4月から公益通報者保護制度が導入された。2006年4月から施行された「公益通報者保護法」は、公共性のある通報を行った人を保護する法律である。この法律は、労働者（公務員を含む）が、公益のために通報した場合、通報したことを理由とする解雇を無効とし、その他通報者に対する不利益な扱い（降格、嫌がらせ、減給）を禁止している。法律施行前の不祥事であっても、通報が公益通報者保護法の施行後であれば、この法律が適用される。

(2) 病院の苦情を電子掲示板に書き込んだ事例

　医療過誤事件が後を絶たないなか、病院の治療行為に対する関心は高い。そのようななか、医師の治療行為がトラブルとなるケースがある。また、医療行為自体は正しいとしても、患者に対してその説明がなく、インフォームド・コンセントという点で問題となることがよくある。また、医療行為以外

にも、セクハラ問題や医療料金が不自然に高いという問題もある。

　病院は患者のプライバシーを強く保護するため、強い閉鎖性を確保しているので、病院に直接かけあっても埒があかず、病院の苦情をインターネット上の電子掲示板に書き込むケースが増えている。これらを閲覧すると、病院に対する怒りにまかせた過激な表現も散見される。

　この言論が名誉毀損になるかどうかは、上記(1)と同様であり、① 公共性、② 公益性、③ 真実性が問われることになる。ただし、医療問題の特徴として、その問題が人命にかかわることなので、他の企業批判サイトとは趣を異にしている。その表現は、生々しく私怨を晴らす目的のものも多く、公正な批判とは言えないものもある。

(3) 医療ランキングの事例

　医療機関ランキングを公表しているサイトがある。あるサイトでは、全国の医療機関を都道府県ごとに分け、医師の信頼度、医療措置の的確度、患者への説明、適正な薬の量、看護士の信頼度、看護士の対応、待ち時間、医療設備ごとに点数をつけ、総合点をつけている。また、コメント欄には患者の意見も公開されている。

　医療ランキングばかりではなく、レストランや旅館のランキングまでもがインターネットで公開されている。これらのランキングで上位にランクされたものは、推薦リストとして見られるので、むしろ歓迎されるものであるが、ランキングの下位のものにとっては、これらのランキングは社会的なマイナス評価となる。

　たとえば、まずいレストランで1位になった店は、それなりに人気も出るであろうが、最下位にランクされた病院には、多分行く気がしないであろう。このように、インターネット上に公開する病院ランキングは、病院にとって、多くの潜在的な顧客（患者）を失い、経済的な打撃を受ける可能性がある。そのような場合、名誉毀損罪、営業妨害罪で訴える可能性もあるであろう。

　病院ランキングに限らず、ランキングを公開することは違法ではない。ただし、事業者への恨みや、事業活動への悪影響を意識した営業妨害は違法で

ある。

注
(12)　芦部信喜『憲法』（岩波書店、1993年）140頁。
(13)　最判昭和33年4月10日刑集12巻5号830頁。
(14)　罰金とは1万円以上の財産刑。
(15)　名誉毀損と侮辱の違いは「事実の摘示」にあり、具体的な事実を示して人の社会的評価を低下させる行為が名誉毀損であり、一方、具体的な事実を示さず抽象的な表現により人の社会的評価を低下させる行為が侮辱である。なお、「事実の摘示」の事実は、その真偽は問われず噂話も含まれる。また、この事実は、すでに公になっているかどうかは問われない。
(16)　拘留とは、1日以上30日未満、拘留場に拘置する刑。
(17)　科料とは、1,000円以上1万円未満の財産刑。
(18)　刑法232条1項に「この章の罪（名誉毀損、侮辱）は、告訴がなければ公訴を提起することができない。」と規定している。親告罪とは、被害者本人の告訴があって初めて公訴される犯罪をいう。公訴とは検察官が起訴することである。よって、基本的に、被害者本人が告訴しなければ、裁判を受けることはない。なお、告訴は、原則として犯人を知った日から6ヶ月以内に告訴しないと公訴できないとされている。
(19)　違法性阻却とは、犯罪の構成要件はすべて満たしているが、ある一定の理由により犯罪が成立しないことをいう。
(20)　公共性とは、その事実が公共の利害に関するものであり、公益性とは、その行為が専ら公益を図ることである。
(21)　最判昭和34年5月7日刑集13巻5号641頁。
(22)　最大判昭和44年6月25日刑集23巻7号975頁。
(23)　アメリカのニューヨーク・タイムズ社対サリバン事件（New York Times Co. v. Sullivan, 376 U.S.254, 84 S.Ct.710, 11 L.Ed.2d 686 (1964).）では「現実の悪意」基準を採用した。名誉毀損が成立するのは、表現者が「現実の悪意」を有していた場合のみに限ると判示した。以降、アメリカでは、この「現実の悪意」基準が今日までとられている。
(24)　東京地判平成9年5月26日判時1610号22頁。
(25)　飯田耕一郎『プロバイダ責任制限法解説』（三省堂、2002年）8頁；内田＝横山・前掲注(9) 84頁。
(26)　東京高判平成13年9月5日判時1786号80頁；飯田・前掲注(25) 10頁；内田＝横山・前掲注(9) 86頁。
(27)　東京地判平成13年8月27日判時1778号90頁；飯田・前掲注(25) 10～11頁；内田＝横山・前掲注(9) 87頁。
(28)　東京地判平成11年9月24日判時1707号139頁；飯田・前掲注(25) 11頁；内田＝横山・前掲注(9) 88頁。
(29)　東京地判平成14年6月26日。
(30)　東京高判平成14年12月25日。
(31)　東京地判平成9年12月22日判時1637号66頁。
(32)　不正競争防止法2条1項14号。
(33)　インターネット事件簿
　　　（http://internet.watch.impress.co.jp/static/column/jiken/2004/06/09/）（2006年12月4日アクセス）。
(34)　東京地判平成16年5月18日。

(35) 「ウェディング問題を考える会」(http://www.makani.to/wedding)(2006 年 12 月 4 日アクセス)。
(36) 東京地判平成 17 年 7 月 29 日。

第 3 章

プライバシー権とパブリシティ権

《本章のねらい》

　インターネットの世界では、ホームページや電子掲示板に、他人の名前、住所、電話番号をはじめとする個人情報を、無断で掲載することが可能である。なかには、自分の恋人の写真や、お気に入りのタレント、スポーツ選手の写真をアップロードしている人もいるのではないだろうか。これらの行為は、第2章で説明した名誉毀損の事例とは異なるが、法的に保護が得られる場合もある。

　本章では、インターネット上のプライバシー権、肖像権、パブリシティ権について考えてみよう。

3.1 インターネット上のプライバシー権

　インターネットの世界では、ホームページや電子掲示板に、無断で他人の個人情報を掲載することが簡単に行える。それは、名前であったり住所であったり、また写真であったりする。このような行為は、名誉毀損、誹謗中傷、侮辱的表現と併せて行われるケースが多い。また、自分のホームページに、何の断りもなく、恋人の写真や、お気に入りのタレント、スポーツ選手の写真をホームページにアップロードすることもできる。ホームページに、これらを掲載し公開している人も多いのではないだろうか。このようにインターネット上で、無断で他人の個人情報やポートレートを公開した場合、どのような問題が発生するのであろうか。

　憲法21条で表現の自由が保障されているが、インターネット上の名誉毀損行為と同にように、プライバシー権および肖像権の侵害となる場合には、許されるものではない。プライバシー権とは、私生活をみだりに妨害されないという法的権利である[37]。当然のことながら、勝手に自分の個人的なことをホームページに掲載されることは、気持ちのいいものではなく、私生活の妨害になり得る。このほか、プライバシー権は、自己の情報をコントロールする権利や、私事についての自己決定権も含むと考えられている[38]。名誉毀損と異なり、プライバシー権について明文化した法律はないが、その根拠は、憲法13条の幸福追求権にあると考えられている。

　また、個人情報は、文字情報と画像情報に分けることができる。文字情報としての個人情報は、氏名、住所、電話番号のような単語やその羅列である。それらは、書き込みという行為によって、ホームページや電子掲示板に掲載される。しかし、画像情報の場合、被写体となった人物やその撮影者の権利内容によって扱いが異なる。

　たとえば、他人のスナップ写真を撮り、それをホームページ上にアップロードした場合を考えてみよう。インターネット上の画像情報で問題になるのは、肖像権である。この場合、被写体になった人が一般の人の場合と、タ

レントやスポーツ選手のような有名人の場合では、権利内容が異なってくる。どちらの場合も、写真に写っている人の人格権としての肖像権（肖像プライバシー権）が問題となるが、写真に写っている人が著名人である場合には、財産権としての肖像権（肖像パブリシティ権）を考慮する必要がある。

　プライバシー権侵害は、名誉毀損と密接な関係にある。この違いは、名誉毀損では謝罪広告による原状回復が可能とされるが、プライバシー権侵害は、いったんプライバシーを公開されてしまうと、公開されなかった状態を回復することができない点である。したがって、名誉毀損を伴わない、プライバシーだけの場合、民法723条は適用されず、謝罪広告までは請求ができない[39]。また、肖像権およびパブリシティ権は、人格権としてのプライバシー権に法的論拠をもつものと考えられるが、それに顧客吸引力があり、それを利用することにより商品の販売を促進する場合には、人格権と見るよりも、財産権として考えた方が説明しやすい。しかし、これについては、後述のように学説が分かれるところである。

　人格としての肖像権（肖像プライバシー権）も、プライバシー権のひとつである。プライバシー権は、私生活をみだりに妨害若しくは公開されないという法的保障ないし権利であるので、人には、承諾なしに、みだりにその容姿、姿かたちを撮影されない自由もある（肖像権）と考えられている。この権利を認めた判例として「デモ隊撮影」事件[40]や、女性が自宅での容姿を外から撮影されて、週刊誌に掲載された事件[41]がある。

　パブリシティ権とは、具体的に何であろうか。芸能人やスポーツ選手のような有名人の氏名や肖像は、コマーシャルに利用されることにより顧客吸引力を有している。顧客吸引力とは、商品の販売を促進する力である。この顧客吸引力は、有名人が自らの才能や努力によって作り上げたものであるから、有名人は、この顧客吸引力のもつ経済的な利益および価値を排他的に支配する権利を有する[42]。この権利が、財産権としての氏名権・肖像権であり、パブリシティ権と呼ばれるものである。パブリシティ権についての刑法上の規定はないが、わが国で最初にパブリシティ権を認めた裁判例は、「マーク・レスター」事件である[43]。

このように、無断で有名人の写真をホームページにアップロードした場合は、人格権としての肖像プライバシー権と、財産権としての肖像パブリシティ権を侵害したことになる。よって、有名人の氏名や写真を利用する場合には、当該有名人の事前の承諾を得なければならない。また、その写真が自分で撮影したものではなく他人が撮影した場合には、写真の著作権が問題になる。撮影者に無断で、その写真をホームページ上にアップロードした場合は、著作権侵害となる可能性が高い。なお、著作権については、第12章「デジタル著作権」で詳しく紹介する。

なお、インターネットを利用した個人情報の収集に関しては、第9章「個人情報保護法」で詳しく解説する。

3.2 インターネット上の個人情報保護の特徴

この節では、インターネットによる個人情報の掲載について、代表的な特徴を整理してみよう。

(1) **簡便性、即時性およびグローバル性**

インターネット上のホームページに肖像写真をアップロードしたり、電子掲示板に個人情報を書き込むことは、誰でも簡単に行うことができる。この簡便性は、個人情報の掲載に限らず、インターネットの一般的な特徴のひとつである。また、その情報は、アップロードが完了した時点で、瞬時に世界中から閲覧可能である。さらに、必要に応じ簡単にコピーすることができる。

このような理由で、いったんホームページや電子掲示板に公開された個人情報は、非常に速いスピードで広く伝播する可能性が高く、不特定多数の人に短時間で伝達するという特徴がある。

(2) **被害の拡張の容易性**

インターネット上に、肖像権を侵害する画像情報をホームページにアップロードすることは、被写体（肖像権者）に対して大きな被害をもたらす危険性をはらんでいる。なぜなら、いったんアップロードされると、不特定多数

の者の目に触れるだけでなく、その後のコントロールが非常にむずかしいからである。

たとえば、電子掲示板上での名誉毀損・侮辱・誹謗中傷のたぐいの文字情報と画像情報を組み合わせることにより、被害者が「さらし者」にされるおそれがあり、その被害は甚大である。よって、画像情報をインターネット上にアップロードする行為は、被写体（肖像権者）に対しては事前に承諾を得て、慎重に行う必要がある。

(3) **物のパブリシティ権**

ゲームの世界で問題となるのが、物のパブリシティ権である。インターネットでも、多くのゲームサイトがあるが、ゲームアニメの中で物や動物の実名を使ったものがある。たとえば競馬ゲームでは、有名な競走馬の実名が出てきて、これらによってゲームが展開される。これは許された行為であろうか。このような場合、動物も含めた物のパブリシティ権があるかどうかが問題となる。

(4) **プロバイダの責任**

インターネット上の個人情報や肖像写真の無断掲載は、名誉毀損やわいせつ画像の場合と同じく、ホームページや電子掲示板の管理者、プロバイダの責任が問題になる場合が多い。これもインターネットのプライバシー権、パブリシティ権侵害の特徴として挙げられる。なお、プロバイダの責任については、第11章の「プロバイダ責任制限法」で詳しく紹介する。

3.3　代表的事例

(1) **医師のプライバシー侵害事件**

パソコン通信ネットワーク上のプライバシー侵害でリーディング・ケースとなった事件がある。この事件では、被告が、パソコン通信ネットワークの電子掲示板に、原告である医師の氏名、職業、診療所の住所、電話番号を無断で掲載した。これにより、この医師をよく思わない者が、無言電話やいたずら電話をかけた。この結果、この医師は精神的な苦痛を受け、治療を受け

ることとなり、電子掲示板に、原告の氏名、職業、診療所の住所、電話番号を書き込んだ被告に対し訴えを提起した。

神戸地裁は、原告の訴えを認めて、プライバシー侵害を認定した。その理由を次のように説明した。「職業、住所、電話番号が電話帳に記載されているとしても、それをネット上の掲示板において公開されることまでは、一般にも欲しないであろうと考えられ、また、電話帳記載の検索は、通常医師の診療を希望する者がその診療所を探し出す目的で特定の場合にすぎないと解されるから、職業、住所、電話番号等は一般にはいまだ知られていないことがらである。」

ネットワーク上で個人情報が公開される行為を、個人のプライバシーを侵害するものとして認めた[44]。神戸地裁は治療費と慰謝料を認めたが、プライバシー権侵害は、財産的な損害よりも、むしろ精神的な苦痛が問題となり精神的損害賠償請求としての慰謝料請求が問題となる。慰謝料の算定は、侵害行為の動機、態様、違法性の程度、被害者が受けた社会的影響等を総合的に斟酌して算定することになる。

また、電話帳に掲載しないでくれと頼んだのにそれを無視して掲載した電話番号簿事件では、裁判所は「自己の意思に反してその氏名、電話番号及び住所を公表されないという利益」もプライバシー権として認めた[45]。これは、プライバシー権に、自己の情報をコントロールする権利が含まれることを意味する。

(2) デンバー元総領事事件

この事件は、インターネット上に掲載されていた写真を、被告が無断でコピーし使用した事件である。原告は、原告の知人であるデンバー市元総領事の写真を撮影し、それを米国デンバー市を紹介したインターネット上のウェブサイトに掲載した。ところが、被告は、原告に無断で、インターネット上にある元総領事の写真をコピーし、平成13年当時、社会的に問題となっていた外務省における不祥事に関連する報道の一環として、テレビ番組の中で、原告に無断で、上記元総領事の写真を使用し放送した。

この事例では、元総領事のプライバシー権の侵害だけでなく、写真を撮っ

た原告に対する著作権侵害となり、複製権侵害、公衆送信権・送信可能化権侵害となる。東京地裁は、損害賠償、写真の複製・公衆送信の差止め、写真および写真が撮影された録画テープの廃棄、被害回復措置としての謝罪放送、並びに謝罪広告を被告に求めた[46]。

(3) 芸能人の写真を掲載した事例

判例上問題となった事例は、有名人の写真を無断でテレビコマーシャルや商品に使用する商用利用のケースが多い。インターネットでも、ネットショッピングが盛んな現在、有名人の顧客吸引力を利用するため、無断で写真を借用する場合がある。この場合、パブリシティ権侵害の可能性が高い[47]。

わが国で最初にパブリシティ権を認めたマーク・レスター事件[48]は、当時、有名であった子役のマーク・レスターを、日本の製菓会社が、無断で映画の映像を使用し「マーク・レスターも好きです」というナレーションをつけて自社のCMを製作放送したことにつき、氏名や肖像を無断使用されたとして、原告（マーク・レスター）が損害賠償を請求した事件である。東京地裁は、初めて経済的な利益の侵害を精神的な侵害とは別個であることを認めた[49]。

芸能人やスポーツ選手の写真の場合、自分で撮影することはまれで、他人の撮影した写真を借用することが多いが、この場合、被写体である芸能人やスポーツ選手のパブリシティ権、プライバシー権、肖像権侵害のほかに、実際に撮影した者にたいする複製権侵害、公衆送信権・送信可能化権侵害となるのは、上記(2)とほぼ同じである。違いは、デンバー市元総領事は芸能人ではないので、顧客吸引力がほとんどなく、財産権としてのパブリシティ権侵害が認められないことである。

なお、パブリシティ権は、社会的評価や知名度を得た有名人に限る権利ではないという考え方もある。有名人もかつては無名であり、無名の人でも顧客吸引力をもつ場合がある。たとえば、無名であるが容姿端麗な女性が化粧品の広告宣伝に使用され、その人のイメージによって商品の販売が促進された場合は、顧客吸引力があるので、パブリシティ権は有名人に限定する必要

はないであろう。

また、有名人のプライバシー権に関しては、その氏名や肖像が報道である程度利用されることは、有名人のもつ性格上、ある程度はやむを得ないことであり、プライバシーの保護の面では通常人の場合に比して、ある程度の制約があるものと考えられている[50]。しかし、有名人も人である限り、プライバシー権がある。たとえば、盗撮は明らかにプライバシー権の侵害になることはいうまでもない。

3.4　個人情報保護法

最近では、インターネットを経由した個人情報の収集が容易に行われている。しかし、その反面、その管理のずさんさから大量の個人情報の漏洩が社会問題となっている。この理由は、故意に、個人情報を盗み出すという犯罪も、依然多いことも事実としてはある。しかし、多くの場合、個人情報の入ったファイルをうっかり落としたり、机の上に置いて帰ったためになくなってしまったというような、管理のずさんさが原因で紛失し、外部に漏れるケースが非常に多い。また、自宅のパソコンに顧客の個人情報を記録しておいたものが、セキュリティの甘さからハッキングされて盗まれてしまったケース、さらには中古パソコンの廃棄時に、磁気ディスク上の個人情報ファイルを消し忘れて廃棄し、それが盗まれてしまったケースがある。

このように、インターネット経由の個人情報の収集および記録媒体での保有が、新たな個人情報漏洩の引き金となっている。そこで、このような事件が後を絶たないなか、「個人情報の保護に関する法律」（個人情報保護法）が、平成17年4月から完全施行された。同法は、個人情報を大量に保有する事業者に対して、個人情報の有効活用を定め、かつ個人の権利・利益を保護するため、個人情報の利用、安全管理に関する義務を定めたものである。

この個人情報保護法については、第9章「個人情報保護法」で詳しく説明する。

3.5 物のパブリシティ権

インターネット上のゲームサイトには、物や動物の実名をつかったアニメソフトがあり、これらの実名が実際にゲームの中に登場しているものを見かけることがある。パブリシティ権は、「人」だけでなく「物」についても認められるであろうか。たとえば、有名な競走馬、最新の飛行機やテーマパークの建物が顧客吸引力をもつ場合に、人と同様、パブリシティ権を認めてもよいであろうか。

基本的には、パブリシティ権は、あくまで人の人格から発生するものとする「人的属性説」と、顧客吸引力という財産権であるとする「万物属性説」の2つに考え方が分かれる。前者の考え方からは、物には人格がないので、物にはパブリシティ権は存在しないが、後者の考え方をとれば、顧客吸引力という経済的価値が存在すれば、物にもパブリシティ権は存在する。

また、物のパブリシティ権は、所有権の一発現形態とみることもできる。著作権消滅後の美術作品の複製について、所有権に基づく差止め請求がなされた事件で、最高裁は、「著作権の消滅後に第三者が有体物としての美術の著作物の原作品に対する排他的支配権能をおかすことなく原作品の著作物の面を利用したとしても、右行為は、原作品の所有権を侵害するものではないというべきである。」と判示した[51]。

さらに、最高裁は、博物館や美術館の料金の徴収について、「著作権が現存しない著作物の原作品の閲覧や写真撮影について料金を徴収し、あるいは、写真撮影をするのに許可を要するとしているのは、原作品の有体物の面に対する所有権に由来すると解すべきであるから、右の料金徴収の事実は、所有権が無体物の面を支配する機能までも含む根拠とはいえない。」とした。

ところが、上記最高裁判例の後、下級審判決で、物のパブリシティ権を認めた裁判例が見られる。無断で尾長鶏を写真に撮り絵葉書に複製して販売した事件で、高知地裁は、「尾長鶏を写真に撮ったうえ絵葉書等に複製して他

に販売することは尾長鶏所有者の権利範囲内に属する。」と判示した[52]。また、クルーザーの写真が無断で広告宣伝用に使われた事件では、神戸地裁は、「本件クルーザーの所有者として、同紙の写真等が第三者によって無断でその宣伝広告等に使用されることがない権利を有していることは明らかである。」と判示した[53]。

このように物のパブリシティ権については、裁判例が2つに分かれていたが、物のパブリシティ権について、実在の競走馬の名前を使ったゲームソフトが、馬のパブリシティ権を侵害しているのではないかという事件が、平成13年、名古屋と東京でほとんど同時期に起こった。興味深いことに、名古屋高裁と東京高裁の結論がまったく正反対であったので紹介しよう。

名古屋の「ギャロップレーサー」事件は、ゲームソフトメーカーが実在の競走馬の名前や戦績のデータを用いたゲームソフトを製作販売し、馬主から馬のパブリシティ権が侵害されたとして損害賠償と販売の差止めを求めた事件である[54]。名古屋地裁は、競走馬のような「物」にも顧客吸引力を有する場合、「物」のパブリシティ権を認めた。控訴審の名古屋高裁も、第一審を支持し、顧客吸引力の有無を厳格に判断し、対象となる競走馬をG1レースで優勝した経験のある馬に限定した[55]。

一方、東京の「ダービースタリオン」事件も、争点は「ギャロップレーサー」事件とほぼ同じであるが、東京地裁は、「人格権を経済的な側面から観察したものが顧客吸引力の経済的価値を利用する排他的権利である。」とし、「この権利の行使は自然人が本来有している人格権が侵害されたと評価される場合に初めて認められる。」と判示した[56]。さらに、「物を物理的に毀損されたような場合に人格権が侵害されるという関係にない以上、物についてはそのような排他的権利は認められない。」と判示した。

次いで、控訴審である東京高裁は、第一審を支持しつつも、人格権を経済的な側面から観察したものが顧客吸引力の経済的価値を利用する排他的権利であるとした部分を削除し、著名人のパブリシティ権が人格権に根ざすものであることから「人格権の存在しない物には、パブリシティ権は認められない。」と判示した[57]。また同時期の裁判例で、有名なかえでの木の写真を

掲載した書籍の出版を、かえでの木の所有者が所有権に基づく書籍の出版の差止め請求を求めた事件では、東京地裁は、その請求を棄却した[58]。

このように名古屋と東京では、まったく異なる判決が出たが、最高裁は、「ギャロップレーサー」事件について、物のパブリシティ権を否定する判決を下した[59]。最高裁は、「競走馬等の物の所有権は、その物の有体物としての面に対する排他的支配権能であるにとどまり、その物の名称等の無体物としての面を直接排他的に支配する権能に及ぶものではない。」と判示し、物のパブリシティ権を全面的に否定した。

これにより、現在は、物のパブリシティ権は存在しないということに、落ち着いた。よって、インターネット上のゲームサイトや、ゲーム機器のゲームソフトでは、競走馬、乗り物や建物のような物（動物を含む）について、その名称や肖像を自由に使用することができるようになった。これらの物の画像情報をインターネット上にアップロードしても法的な問題は生じないと考えられている。しかし、学説は、いまだに分かれている。

なお、画像に馬とともに騎手が一緒に写っている場合には、人の肖像プライバシー権も肖像パブリシティ権も存在するので注意が必要である。

注
(37) 東京地判昭和39年9月28日下民集15巻9号2317頁。
(38) プライバシー権について、東京地裁は「憲法によって立つ個人の尊厳という思想は、相互の人格が尊重され、不当な干渉から自我が保護されてはじめて確実なものとなるのであり、正当な理由がなく他人の私事を公開することが許されてはならず、マスコミの発達した今日の社会にあっては、その尊重はもはや倫理的要請にとどまらず、不法な侵害に対しては法的救済が与えられるに高められた人格的な利益であると解すべきである。」と判示した。さらに、同判決は、「プライバシと表現の自由とは、いずれが優先するという性質のものではなく、表現の自由といっても、無差別・無制限に私生活を公開することは許されない。」と判示した。
(39) 前掲注 (37)。
(40) 最大判昭和44年12月24日刑集23巻12号1625号（判時577号18頁）。
(41) 東京地判平成元年6月22日判時1319号132頁。
(42) 東京高判平成3年9月26日判時1400号3頁。
(43) 東京地判昭和51年6月29日判時817号23頁。
(44) 神戸地判平成11年6月23日判時1700号99頁。
(45) 東京地判平成10年1月21日。
(46) 東京地判平成16年6月11日判タ1182号323頁。
(47) パブリシティ権については、一般に、三つの考え方がある。①パブリシティ権は人格権としての性質と財産権としての性質をあわせもった権利であるとする「人的属性説・人格一元

論」説。②パブリシティ権は人格的価値から派生した権利であるが、純粋な財産権であるとする「人的属性説・人格二元論」説。③パブリシティ権は純粋な財産権であり人格権とは無関係で、顧客吸引力さえあれば人だけでなくあらゆる物について発生するとする「万物属性説・人格二元論」説。多くの裁判例では、②「人的属性説・人格二元論」を採用している。
(48) 前掲注(43)。
(49) 東京地裁は、「有名人については、肖像や氏名を無断で公表されることについての精神的苦痛は通常人よりも低いが、人格的利益とは異質の独立した経済的利益を有するので、その氏名や肖像が権限無く利用された場合にはその侵害を理由として法的救済を受けられる。」と判示した。
(50) 作花文雄『詳解著作権法第2版』(ぎょうせい、2002年) 157頁;シロガネ・サイバーポール編『インターネット法律相談所』(リックテレコム、2004年) 143頁。
(51) 最判昭和59年1月20日民集38巻1号1頁 (判時1107号127頁)。
(52) 高知地判昭和59年10月29日判タ559号291頁。
(53) 神戸地判平成3年11月28日判時1412号136頁;内田=横山・前掲注(9) 34頁。
(54) 名古屋地判平成12年1月19日判タ1070号233頁。
(55) 名古屋高判平成13年3月8日判タ1071号294頁。
(56) 東京地判平成13年8月27日判時1758号3頁、判タ1071号283頁。
(57) 東京高判平成14年9月12日判時1809号140頁。
(58) 東京地判平成14年7月3日判時1793号128頁。
(59) 最判平成16年2月13日民集58巻2号311頁 (裁時1357号1頁、NBL780号6頁)。

第4章 サイバーポルノと青少年保護

《本章のねらい》

　インターネットの世界では、あらゆる情報がデジタル化され、不特定多数の人に送信される。なかには、わいせつな画像もデジタル化され、パソコンの画面を通してそれを閲覧することができる。これらデジタル化された、インターネット上のわいせつな表現をサイバーポルノという。

　憲法21条1項で、表現の自由が保障されているものの、ホームページにわいせつな画像をアップロードした場合、刑法175条のわいせつ物公然陳列罪にあたる可能性が高い。

　本章では、インターネット上のサイバーポルノと、青少年保護について考えることにしよう。

4.1 サイバーポルノの危険性

インターネット・サーフィンをしていると、アダルトサイトを見つけることがある。インターネットの世界では、あらゆる情報がデジタル化され、不特定多数の人に送信される。わいせつな画像もデジタル化され、パソコンの画面を通してそれを閲覧することができる。これらデジタル化されたインターネット上のわいせつな表現は、一般に、サイバーポルノと呼ばれている。

現在では、アクセスしようと思えば、小学生でさえもサイバーポルノを目にすることができる。好奇心旺盛な子供たちは、親の目を盗みながら、面白半分に自宅のパソコンから、サイバーポルノを閲覧しているにちがいない。アダルトサイトでは、通常、「18歳以上」「18歳未満」の選択ボタンの表示画面が表示されるが、興味津々子供たちは、いとも簡単に「18歳以上」をクリックする。怖いもの見たさに、次々にクリックし、後で高額な請求書が親元に届く例もまれではない。

インターネット上のサイバーポルノは、風俗営業法で規定しているアダルトサイトだけではなく、アングラサイトも多く、個人で不法なわいせつ画像をアップロードしているホームページも多い。このようなアングラサイトは、インターネットの危険地域であり、必ずといってよいほど、ハッキング、ブラウザクラッシュ、トロイの木馬、ウィルスのようないろいろな罠が仕掛けられている。また、このようなアングラサイトでは、頻繁に詐欺事件が起きている。

このように、サイバーポルノは、単に違法であり青少年に有害であるということだけではなく、アングラサイトへのアクセスを意味するものであり、詐欺事件に巻き込まれる可能性が高い。とくに、こうした知識や分別のない子供たちが、面白半分でサイバーポルノにアクセスし、アングラサイトに足を踏み込む危険性は非常に高いといえる。

なお、アングラサイトへのアクセス対策については、第8章「サイバー犯

罪」で詳しく紹介する。

4.2　サイバーポルノの法規制

　憲法 21 条 1 項で、表現の自由が保障されているものの、ホームページにわいせつな画像をアップロードした場合、刑法 175 条のわいせつ物公然陳列（わいせつ文書等頒布）罪にあたる可能性が高い。では、わいせつ物とは、いったい何であろうか。最高裁は、「わいせつ物とは、いたずらに性欲を興奮または刺戟せしめ、かつ普通人の正常な性的羞恥心を害し、善良な性的道義観念に反するものをいう。」と定義した（チャタレー事件）[60]。
　刑法 175 条では「わいせつな文書、図画その他の物を頒布し、販売し、又は公然と陳列した者は、2 年以下の懲役又は 250 万円以下の罰金若しくは科料に処する。販売の目的でこれらの物を所持した者も、同様とする。」と規定している。この刑法 175 条の保護法益は、性秩序ないし健全な性的風俗、あるいは社会の健全な性的道徳感情であり、これらを害する行為を処罰することにある。
　なお、平成 17 年 10 月に国会に提出された「犯罪の国際化及び組織化並びに情報処理の高度化に対処するための刑法等の一部を改正する法律」案では、刑法 175 条の改正を盛り込んでいる[61]。新しい刑法 175 条 1 項は「わいせつな文書、図画、電磁的記録に係る記録媒体その他の物を頒布し、又は公然と陳列した者は、2 年以下の懲役若しくは 250 万円以下の罰金若しくは科料に処し、又は懲役及び罰金を併科する。電気通信の送信によりわいせつな電磁的記録その他の記録を頒布した者も、同様とする。」と規定することになり、わいせつ物として「電磁的記録に係る記録媒体」も加わることになる。これは、現行法では、わいせつ物を文書、図画その他の物とし、電磁的記録に係る記録媒体のわいせつ物の定義があいまいであるためである。
　また、わいせつな表現を他人のホームページに勝手に書き込んだ場合には、それが企業のホームページであれば、刑法 234 条の 2 の電子計算機損壊等業務妨害罪にあたる可能性がある。刑法 234 条の 2 では「人の業務に使用

する電子計算機若しくはその用に供する電磁的記録を損壊し、若しくは人の業務に使用する電子計算機に虚偽の情報若しくは不正な指令を与え、又はその他の方法により、電子計算機に使用目的に沿うべき動作をさせず、又は使用目的に反する動作をさせて、人の業務を妨害した者は、5年以下の懲役又は百万円以下の罰金に処する。」と規定している。よって、わいせつな表現を書き込むだけでなく、不正に変更を加えた場合も、電子計算機損壊等業務妨害罪に当たる可能性が高い。

4.3 サイバーポルノの特徴

多くのサイバーポルノのコンテンツは、静止画または動画である。文書（文字情報）のものは少なく、とくに音声と動画を組み合わせた映像が多い。アクセスの仕方もさまざまだが、GoogleやYahooのような検索ツールを使って、キーワード検索をかければ、いくらでもヒットして出てくる。

このように、サイバーポルノは、今までにない特徴があるので、ここではその特徴を整理しておこう。

(1) 閲覧容易性

インターネットがなかった時代は、不法なわいせつ物を入手しようとすれば、それなりの入手経路があり、またいくつかの手順を踏まなければならなかった。たとえば、従来、わいせつ物の入手は、特定のアダルトショップでの購入や通信販売での購入、または違法な輸入が考えられた。しかし、サイバーポルノは、誰でもが簡単にインターネット経由で閲覧できるという特徴がある。また、閲覧だけではなく、自分のパソコンにダウンロードすることが簡単に行える。

(2) 風俗営業サイトの存在

サイバーポルノには合法的なものも存在する。これは、一般にアダルトサイトと呼ばれるもので、業としてインターネット上で性風俗営業を行っているサイトである。これらは風俗営業法により規制された合法的なサイトであり、一般に、映像送信型性風俗特殊営業と呼ぶ。風俗営業法は、これらのサ

イトへの 18 歳未満へのアクセスを禁じているので、必ず、メニュー画面で、利用者が 18 歳以上かどうかを確認しなければならない。しかし、多くの利用者が偽ってアクセスしているのが現状である。

(3) **詐欺危険性**

4.1 節でも述べたように、サイバーポルノは、風俗営業法で規制する合法的なアダルトサイトのほか、アングラサイトのものが非常に多い。これらアングラサイトは詐欺的なサイトが多く、使用しているコンピュータに害を及ぼす、ブラウザクラッシュ、NUKE、DUKE、トロイの木馬、ウィルス、スパイウェアのほか、法外な金額を請求する有料サイトが数多くある。このように、サイバーポルノへのアクセスは、詐欺事件に巻き込まれる危険性が高い。この問題については、第 8 章「サイバー犯罪」で詳しく紹介する。

(4) **マスク処理復元技術**

画像にモザイク模様のマスクをかけて、わいせつ性を有する画像の一部を隠すことができる。このようなマスク処理をしたわいせつ画像は、もはや、わいせつ画像といえないのではないかという問題がある。しかし、サイバーポルノの場合、技術的に簡単にマスクをはずすことができる。また、マスク処理を復元できるソフトも出回っている。このように、サイバーポルノの場合、マスクを元に戻す技術が問題となる。

(5) **グローバル性**

インターネットのもつ一般的な特徴であるアクセスのグローバル性が、新たな問題を生じさせている。それは、外国のサーバにあるわいせつ画像を日本から閲覧することが可能であるし、また、外国のサーバにわいせつ画像を置き、わが国を含めた不特定多数の人に閲覧させることができるようにすることが可能である。このようなグローバルな犯罪に対して、わが国の法律が対処できるかという問題がある。

(6) **リンク性**

サイバーポルノに限らず、インターネットではハイパーリンクが自由に行われている。たとえば、自らは、わいせつ画像をサーバにアップロードすることはしないが、わいせつ画像が掲載されているサイトにリンクを張ること

は、わいせつ物陳列罪にあたるのであろうか。この場合、故意にリンクを張る場合と、たまたまリンクを張った先にわいせつ画像があった場合とでは、どう違うのであろうか。故意に行った場合も、正犯とみるか幇助とみるかという問題が起きる。

(7) 関連犯罪への影響

サイバーポルノへのアクセスは、(3)で述べた詐欺的事件に巻き込まれるだけでなく、サイバーポルノの性質から、児童買春、援助交際をはじめとする性犯罪につながる可能性がある。

以上、いくつかサイバーポルノの特徴を見てきたが、次節以降、これらの主な特徴と代表的な事例を基に、サイバーポルノ固有の法的問題を整理していくことにしよう。

4.4 代表的なサイバーポルノ裁判例

以下、過去の代表的なサイバーポルノの裁判例を見てみよう。

(1) ベッコアメ事件

サイバーポルノは、インターネット上のデジタル情報であるため、問題となるわいせつ表現は、文書ではなく画像である場合が多い。インターネット上でわいせつな画像を配信することが、そもそも、わいせつ物を公然と陳列したかどうかが問題となる。刑法175条のわいせつ物公然陳列罪は、わいせつ物を、「文書、図画およびその他の物」と規定している。では、インターネット上のわいせつ画像は、このうちのどれに該当するのであろうか。東京地裁は、わいせつ画像を「図画」であるとした。この事件は、インターネット・サービス・プロバイダ（ISP）の名前をとって「ベッコアメ」事件と呼ばれる[62]。

「ベッコアメ」事件は、インターネット事件を初めて警察が摘発した事件である。カメという名前のホームページ上にわいせつな画像をアップロードし、それを不特定多数の人に公開していたとして、刑法175条のわいせつ物公然陳列罪で起訴された事件である。東京地裁は「インターネット対応パソ

4.4 代表的なサイバーポルノ裁判例

コンを有する不特定多数の利用者に右猥褻画像が再生閲覧可能状態を設定した」としてわいせつ物公然陳列罪を認めた。また、この判例では、わいせつ画像を刑法175条の「図画」とした。

(2) モンキータワー事件

「モンキータワー」事件では、わいせつ画像をパソコンネットの自宅のホストコンピュータのハードディスク内に置き、不特定多数の人にわいせつ画像を送信し復元閲覧させて刑法175条違反に問われた[63]。札幌地裁は、「わいせつ画像をいったんコンピュータのハードディスク内に磁気データの形で記録した場合であっても、そのデータをコンピュータ処理すれば画像の形に復元し得るものである以上、そのデータに不特定又は多数の者がアクセスしてデータを受信できる状態にすれば、その行為はわいせつ物図画の公然陳列罪に該当する。」と判示した。

また、注目すべきは、わいせつ画像データをホストコンピュータのハードディスクに記憶させた時点で、わいせつ物公然陳列罪が成立すると判示した点である。この判例でも、わいせつ画像を「図画」としている。

(3) アルファネット事件

図画は一般に写真のような印刷物であり、刑法175条の客体は、有体物（民法85条）を想定している。しかし、サイバーポルノのデジタル情報は有体物ではない。この刑法175条の客体が有体物であることを起因に、サイバーポルノの規制には疑いがないものの、その法的解釈が分かれている。ひとつは、わいせつな画像のデータそのものを、刑法175条にいうわいせつ物と見る考え方であり、もうひとつは、わいせつ画像が記録されているハードディスクの記録媒体をわいせつ物と見る考え方である。

これに関して、「アルファネット」事件の最高裁判決では、「わいせつな画像データを記憶、蔵置させたホストコンピュータのハードディスクは、刑法175条が定めるわいせつ物にあたる。」と判示した[64]。これは、自ら開設していたパソコンネットのホストコンピュータのハードディスクにわいせつな画像データを記憶・蔵置させ、それにより、不特定多数の会員が、自己のパソコンを操作して、電話回線を通じ、ホストコンピュータのハードディスク

にアクセスさせていた事件である。

　また、最高裁は、「公然と陳列した」とは、「その物のわいせつな内容を不特定又は多数の者が認識できる状態に置くことをいい、その物のわいせつな内容を特段の行為を要することなく直ちに認識できる状態にするまでのことは必ずしも要しない。」と判示した。

　なお、前述したように、「犯罪の国際化及び組織化並びに情報処理の高度化に対処するための刑法等の一部を改正する法律」案では、刑法175条の改正を盛り込んでいる。新しい刑法175条1項（案）は、「わいせつな文書、図画、電磁的記録に係る記録媒体その他の物を頒布し、又は公然と陳列した者は、2年以下の懲役若しくは250万円以下の罰金若しくは科料に処し、又は懲役及び罰金を併科する。電気通信の送信によりわいせつな電磁的記録その他の記録を頒布した者も、同様とする。」と規定することになり、わいせつ物として「電磁的記録に係る記録媒体」も加わることになる。また同条2項（案）は「有償で頒布する目的で、前項の物を所持し、又は同項の電磁的記録を保管した者も、同項と同様とする。」と規定することになる。

(4) わいせつ物公然陳列の時期の事例

　わいせつ物公然陳列の時期には2通りの考え方が存在し、判例も分かれている。ひとつは、わいせつ画像データをサーバ上に保存し、不特定多数の者が閲覧可能状態に置けば、公然陳列したものとする考え方である。つまり、わいせつ画像が閲覧可能な状況を設定したこと自体を、公然陳列とする[65]。

　一方、わいせつ物公然陳列罪は、これを閲覧させた場合に成立し、刑法175条は結果犯であるとする考え方がある。つまり、サーバ上に保存されているわいせつ画像はそれ自体不可視的であり、公然陳列罪の場合には可視的であることが必要であるとする。つまり、わいせつ画像を閲覧可能な状況を設定して、アクセスしてきた不特定多数の者にデータを送信して再生閲覧させたことを公然陳列とする[66]。

4.5 風俗営業法と児童ポルノ

　上記4.3(2)でも述べたように、合法的なアダルトサイトが存在する。それを規制するのが、1999年4月1日から施行された改正「風俗営業等の規制及び業務の適正化等に関する法律」（風俗営業法）（2005年改正）である。本法では、すべてのアダルトサイトに対して風俗業者としての届出を義務づけた。なお、インターネット上のアダルトサイトは、一般に映像送信型性風俗特殊営業という。

　映像送信型性風俗特殊営業とは、「専ら、性的好奇心をそそるため性的な行為を表す場面又は衣服を脱いだ人の姿態の映像を見せる事業で、電気通信設備を用いてその客に当該映像を伝達すること（放送又は有線放送に該当するものを除く）により営むもの」をいう（同法2条8項）。同法31条の7は「映像送信型性風俗特殊営業を営もうとする者は……公安委員会に……届出書を提出しなければならない。」と規定している。

　本法では、映像送信型性風俗特殊営業についてのいくつかの規制を設けている。たとえば、18歳未満の者を客としてはならず、客が18歳以上である旨の証明、又は18歳未満の者が通常利用できない方法により料金を支払う旨の同意を客から受けた後でなければ映像を伝達してはならない。つまり、18歳未満へのアダルトコンテンツの提供を禁止している（同法31条の7～31条の11）。

　なお、届出義務を怠った場合は、100万円以下の罰金が課せられる（同法52条4号）。また、アダルトサイトにサーバを貸与するインターネット・サービス・プロバイダ（ISP）に対しても、アダルト映像の送信を防止するため必要な措置を講じるものとしている（同法31条の8第5項）。

　また、アダルトサイトは、その被写体として児童を使ってはならない。児童ポルノについては、いわゆるロリコンの犯罪により児童が犠牲になった事件が多発した。このような社会情勢のなか、「児童買春、児童ポルノに係る行為等の罰則及び児童の保護等に関する法律」（児童買春ポルノ禁止法）が

平成11年11月1日から施行された。また、その後、この改正法が平成16年7月8日から施行された。この法律は、主に、援助交際のような買春行為を禁止するとともに、18歳未満の児童をモデルとしたわいせつ写真や画像の製造・販売・配布・業としての貸与・公然陳列を禁止している。

児童ポルノとは「① 児童を相手方とする又は児童による性交又は性交類似行為に係る児童の姿態を視覚により認知することができる方法により描写したもの、② 他人が児童の性器等を触る行為又は児童が他人の性器等を触る行為に係る児童の姿態であって性欲を興奮させ又は刺激するものを視覚により認識することができる方法により描写したもの、又は ③ 衣服の全部又は一部を着けない児童の姿態であって性欲を興奮させ又は刺激するものを視覚により認識することができる方法により描写したもの」である（同法2条3項）。

それは写真、ビデオテープに限らず電磁的記録に係る記録媒体も含む。また、児童ポルノデータの電子メールによる送信行為も処罰の対象である。さらに、児童に児童ポルノの定義に該当するような姿態をさせて児童ポルノを製造する行為も処罰の対象である（同法7条3項）。

児童買春行為とは、18歳未満の者（「児童」同法2条1項）やその保護者等に対して、対償を供与し、又はその供与の約束をして、その児童に対し、性交等（性交若しくは性交類似行為をし、又は自己の性的好奇心を満たす目的で、児童の性器等を触り若しくは児童に自己の性器等を触らせること）をすること、と定義されている（同法2条2項）。

また、援助交際に関しては、18歳未満の者に対して、プレゼントやお小遣いなどを提供して性交又は性交類似行為をすることは児童買春行為にあたるとされている。さらに、わいせつ画像について、同法7条1項では、公然と陳列した者は、3年以下の懲役又は300万円以下の罰金に処する、と規定する。なお、これは非親告罪であるので、未成年者が同意した場合も犯罪が成立する。

もともと、わが国には児童ポルノに対する規制はなかった。テレビコマーシャルでもおむつの宣伝に幼児の裸体を使用したものが多く使われていた

が、欧米諸国では以前から厳しい規制があった。とくに、インターネット上のコンテンツは、国境を越えて海外に簡単にアクセスできるので、規制の厳しい欧米諸国とわが国では児童ポルノ規制に関してアンバランスを生じていたことが、この法律の制定の背景にある。

4.6　マスク処理

　マスク処理とは、モザイク模様のマスクをかけて、わいせつ性を有する画像の一部を隠すことである。このようなマスク処理を施したわいせつ画像は、もはや、わいせつ画像と言えないのではないかという問題がある。たしかに、マスク処理を施し、わいせつ性を有する部分を隠してしまえば、それ自体はわいせつ画像ではない。しかし、そのマスク処理がはずされ、もとのわいせつ画像に復元できれば、復元された画像はわいせつ画像であることに間違いない。たとえば、容易にはがせるシールをはって不特定多数の人に見せる行為と同じである。

　戦前の判例では、一見すると鬼と坊主の模様に過ぎないが、折り合わせると性器の図が現れる手ぬぐいを配布した行為をわいせつ物頒布罪とした例がある[67]。また札幌地裁も、「同様な模様のハンカチに対し、それほど労を要しないでそのからくりを察知しうると認められ、このような場合においては、きわめて特殊かつ困難な手法をとってはじめてそのからくりが判明する場合と異なる。」とし、このハンカチをわいせつ図画と認めた[68]。

　マジックインクにより塗りつぶされた写真に関しては、判例は「わいせつな写真集のわいせつ性を有する部分を黒く塗りつぶした場合、その塗りつぶしたインクが簡単に拭き取れるのであれば、当該写真は『封筒に入れられたわいせつ写真』と同様に、なお、わいせつな写真と評価しうる。」と判示した[69]。同様に、わいせつ画像が容易に復元できる場合には、マスク処理をした画像をサーバにアップロードする行為は、刑法175条のわいせつ物公然陳列罪にあたる。

　ただし、問題は、公然陳列されたわいせつ物が、マスクを外すことを予定

した形態で陳列されているかどうかである。サーバにマスク処理をしてアップロードした者にわいせつ物公然陳列の意図がなかったが、技術的レベルの高い者がマスクを外した場合と、はじめからマスクを外すことを予定してアップロードした場合とでは、おのずからその扱いは異なる。

　たとえば、マスク処理ソフトが流布していて、それを使えば容易にマスクを外すことができることを知っていてマスク処理をした画像をアップロードする行為は刑法175条のわいせつ物公然陳列罪にあたるであろう。

　判例では「画像にマスク処理が施されていても、マスクを外すことが、誰にでも、その場で、直ちに、容易にできる場合には、その画像はマスクがかけられていないものと同視することができるというべきであり……」と判示し、刑法175条のわいせつ物公然陳列罪を認めた[70]。この事件は「エフ・エル・マスク」という画像処理ソフトを使用すればマスクを外すことのできるわいせつ画像をディスクに記憶させ、不特定多数の者に復元閲覧可能状態にした事件である。

　また、大阪地裁では、「FLMASK」という自ら開発したマスク処理ソフトを配布した者に、わいせつ物公然陳列罪の幇助犯の成立を認めた[71]。この事件は、ハイパーリンクと幇助の関係についてもリーディング・ケースである。幇助とは、正犯者の犯罪行為を認識しつつ、その犯罪を容易にし、あるいは促進助長する行為であり、幇助行為と幇助意思の存在が必要となる。

　また、わいせつな映像を動画で生中継した事件がある。これは刑法175条のわいせつ物公然陳列罪の適用を否定して、刑法174条の公然わいせつ罪を適用した（「岡山レディースナイト」事件）[72]。刑法174条は「公然とわいせつな行為をした者は、6月以下の懲役若しくは30万円以下の罰金又は拘留若しくは科料に処する。」と規定している。

4.7　外国のサーバの利用

　サイバーポルノの特徴は、外国のサーバにも簡単にアクセスできるので、日本国内のサーバではなく、外国のサーバに、わいせつ画像を置いて不特定

多数の人に閲覧させることができる。いわば、インターネットは犯罪のグローバル化を招いた。このようなグローバルの犯罪に対して、わが国の法律は対処できるのであろうか。

わが国の刑法1条1項は「この法律は、日本国内において罪を犯したすべての者に適用する。」とし、第2項では「日本国外にある日本船舶又は日本航空機内において罪を犯した者についても、前項と同様とする。」と規定する。つまり、犯人の国籍を問わず日本の領土内で行われたすべての犯罪に対して刑法の適用があるとする属地主義を採用している。属地主義とは、日本国内が「犯罪地」であれば、日本国刑法が適用されることを意味する。

この属地主義に対して属人主義がある。これは日本人であれば、たとえ外国で罪を犯したとしても、日本の刑法が適用されるという考え方である。わが国刑法は、基本的には属地主義であるが、一部属人主義も例外として採用している。属地主義の例外として、刑法2条から3条の2まで規定がある。

たとえば、強姦罪や強制わいせつ罪は日本国民が海外で犯した場合でも日本の刑法が適用される（3条5号）が、属地主義では、刑法175条のわいせつ物公然陳列罪は適用されない。

つまり、外国で日本人にわいせつ画像を見せた場合は、それが日本人であろうと日本の領土外で起きているので、日本の刑法は適用されない。よって、ある外国で、わいせつ画像の陳列が認められているならば、その国の在住の日本国民が、わいせつ画像をインターネット上で配信しても、日本の刑法では処罰できないことになる。

しかし、たとえば、日本から海外のサーバに、わいせつ画像をアップロードした場合はどうであろうか。過去の最高裁の判例では、海外で販売する目的で、国内でわいせつ図画を所持することは、販売目的所持罪にはあたらないとした[73]。しかし、山形地裁では、日本から海外のサーバに、わいせつ画像データをアップロードする行為を、刑法175条の公然陳列行為にあたると判示した（「山形海外放送」事件）[74]。これは、実行行為の一部が日本国領土内で行われれば、犯罪地は国内であるとする通説に立脚しているといえよう。また、結果も日本国内で発生しており、刑法175条の保護法益を害す

ることになる。

　また、同様な事件を扱った大阪地裁では、「犯罪構成要件の実行行為の一部が日本国内で行われ、あるいは犯罪構成要件の一部である結果が日本国内で発生した場合には、わが国の刑法典を適用し得る。」として、海外のサーバに、わいせつ画像データをアップロードした場合も、国内犯として処罰できると判示した（「あまちゅあ・ふぉと・ぎゃらりー」事件）[75]。

　その理由として、大阪地裁は「たとえ同コンピュータのディスクアレイの所在場所が日本国外であったとしても、それ自体として刑法175条が保護法益とするわが国の健全な性秩序ないし性風俗等を侵害する現実的、具体的危険性を有する行為であって、わいせつ図画公然陳列罪の実行行為の重要部分に他ならないといえる。したがって、被告人が右のような行為を日本国内において行ったものである以上、本件については刑法175条を適用することができる。」としている。

4.8　ハイパーリンク

　自ら、わいせつ画像をサーバにアップロードすることはしないが、わいせつ画像が掲載されているウェブサイトにリンクを張る行為は、刑法175条のわいせつ物公然陳列罪にあたるであろうか。この場合には、2通り考えられる。ひとつは、自らわいせつ画像をアップロードしたのと同視し、わいせつ物公然陳列罪の正犯となりえるという考え方である。もうひとつは、わいせつ物公然陳列罪の幇助が成立するという考え方である。

　大阪地裁は、後者の立場をとった（「FLMASK」事件）が、正犯が成立するという見解が有力である。その理由は、リンクを張る行為は、相手の同意を得ずに行いうるので、この行為は、単独で公然陳列罪を構成する正犯行為とするのが妥当であるという考えに基づくものである。

　これに対し、「ホームページには単に他のホームページのURLを参照するコマンドが埋め込まれたに過ぎない。実はそこには何らわいせつな記述もわいせつな画像も存在しない。」、「リンクを張ることがわいせつならば、アル

ファベットの羅列に過ぎないわいせつなホームページの URL を紹介した文書も、またわいせつ文書とされるだろう。」という主張もある。

　ホームページの URL を紹介しただけの文書は、直接的かつ容易にわいせつ画像を表示することはできず、そのわいせつ画像を見ることはできない。よって、この行為自体は、わいせつ物公然陳列罪にはあたらないが、クリックすることによって簡単にわいせつ画像を表示することができれば、わいせつ物公然陳列罪にあたると考えてもよいであろう。

　ただし、たまたまリンクを張ったURLに、わいせつ画像がアップロードしてあったり、リンクを張った後で、わいせつ画像がアップロードされる可能性もある。また、リンク先のURLのその先にURLがリンクしてあり、そのURLにわいせつ画像が掲載されていることがある。この場合、最終的にケースごとに司法の判断に委ねられるであろうが、リンクを張った者の意思が問われることになろう。

4.9　関連犯罪への規制

　インターネットの出会系サイトを通じての援助交際のような児童買春が社会問題となっている。平成15年9月13日に施行された「インターネット異性紹介事業を利用して児童を誘引する行為の規制等に関する法律」（出会い系サイト規制法）では、児童買春その他の犯罪から児童を保護し、もって児童の健全育成に資することを目的としており、18歳未満の未成年者が出会い系サイトを利用することを禁じている（同法7条1項）。

　具体的には、インターネット異性紹介事業者に対して、サイト利用者が児童でないことの確認義務を課し、児童と人（18歳以上）との性交等の行為の相手方となるよう誘引することと、対償を示して児童と人との交際の相手方となるよう誘引することを禁止している（同法6条）。つまり、出会い系サイトにおける児童と人との性行為等を誘引する書き込み、および、児童と人の間での金銭・物品その他の対価を提供又は要求して交際を誘引する書き込みが禁止されている。

出会い系サイト規制法が、児童買春ポルノ禁止法と異なる点は、書き込みをした者が児童自身であっても処罰の対象となる点、および性交を伴わない単なる交際の勧誘であっても、対価を示せば処罰の対象となる点である。目的が児童買春でなくても、女子高生との交際を求め、その対価を示せば、それだけでも処罰の対象となる。

　なお、出会い系サイト規制法では「インターネット異性紹介事業」を、「(面識のない異性との) 異性交際を希望する者の求めに応じ、その異性交際に関する情報を、インターネットを利用して公衆が閲覧することができる状態に置いてこれに伝達し、かつ、当該情報の伝達を受けた異性交際希望者が電子メールその他の電気通信を利用して、当該情報に係る異性交際希望者と相互に連絡することができるようにする役務を提供する事業をいう。」と定義している (同法2条2号)。

　サイトの名称にかかわらず、そのサイトが客観的にどのようなサービスを提供するかで判断され、「メル友募集」という表現であっても、サービスの内容によっては「インターネット異性紹介事業」となる可能性がある。

　また、援助交際に関しては、18歳未満の者に対して、プレゼントやお小遣いを提供して性交又は性交類似行為をすることは児童買春行為にあたるとされている。なお、わいせつ画像について、児童買春ポルノ禁止法7条1項では「公然と陳列した者は、3年以下の懲役又は300万円以下の罰金に処する。」と規定している。なお、これは非親告罪であるので、未成年者が同意した場合も犯罪が成立する。

注
(60)　最大判昭和32年3月13日刑集11巻3号997頁。
(61)　法務省サイト：http://www.moj.go.jp/HOUAN/houan34.html (2006年12月4日アクセス)。
(62)　東京地判平成8年4月22日判時1597号151頁。
(63)　札幌地判平成8年6月27日。
(64)　最判平成13年7月16日刑集55巻5号317頁。
(65)　東京地判平成8年4月22日判時1597号151頁、札幌地判平成8年6月27日。
(66)　横浜地判平成7年7月14日。
(67)　大判昭和14年6月19日刑集18巻348頁。
(68)　札幌高判昭和44年12月23日高刑22巻6号964頁。
(69)　東京高判昭和49年9月13日判時769号109頁。

(70) 岡山地判平成 9 年 12 月 15 日判タ 972 号 280 頁。
(71) 大阪地判平成 12 年 3 月 30 日。
(72) 岡山地判平成 12 年 6 月 30 日。
(73) 最判昭和 52 年 12 月 22 日刑集 31 巻 7 号 1176 号。
(74) 山形地判平成 10 年 3 月 20 日。
(75) 大阪地判平成 11 年 3 月 19 日判タ 1034 号 283 頁。

第5章

電子商取引

《本章のねらい》

　最近では、ネットショッピングを楽しんでいる人が増えてきている。電子商取引とは、インターネットを利用して、契約の申込みの誘引、申込みの意思表示、契約の成立から履行に至る過程の全部または一部が行われる取引である。

　契約とは、そもそも申込みの意思表示と承諾の意思表示の合致によって成立し、インターネットによる契約も成立すると考えられている。

　しかし、そこにはインターネットならではの固有の問題も存在する。本章では、電子商取引の契約上の基本的な考え方について考えてみよう。

5.1 インターネットによる電子商取引

　1995年頃から普及しだしたインターネットは、いわゆる電子商取引（e-コマース／e-Commerce）を出現させた。当時、話題となったあるメーカーの電子商取引のテレビコマーシャルを紹介しよう。そのコマーシャルの中で、会社の上司と部下の会話がおもしろい。部下が上司に対し、「このスーツ見てください。e-コマースで買いました。いいでしょう。」と言って自慢して見せたところ、その上司が「よし、僕も買おう。」と言ってスーツを買ったのである。そして、2人はニコニコしておそろいのスーツを着るというものであった。

　そのコマーシャルを見て、多くの者が笑った。なぜ笑ったのだろう。消費者は、スーツのような洋服を購入する場合、その生地の手触りや肌触りによって意思決定をする。また試着してサイズも確認しなければならない。いくらパソコンの画面の画像がきれいであっても、見ただけで、スーツのような洋服を買うことはないだろうと思ったからである。つまり、当時、常識的には、そんな取引はありえない話に見えたのである。

　しかし、今はどうであろうか。洋服の量販店のe-コマースを使ったネットビジネスの売上は、通常の店舗の売上に匹敵するほどになりつつある。洋服だけではない。最近では、日用雑貨から自動車まで、消費者は現物を自分の目で確認することなく、パソコンの画面を通してモノを購入することに、なんら抵抗を感じないようになってしまった。e-コマースによって不動産までも購入できる時代である。このように、インターネットを介してのe-コマースは、商取引の形態だけでなく、消費者の購入に対する意識まで変えてしまった。しかし、このような商取引の急激な変化は、多くの消費者トラブルを引き起こしたのも事実である。この章では、電子商取引上の契約に関する法的な問題を取り上げてみよう。

5.2 インターネットによる契約

　電子商取引とは、一般に電子的な通信技術による商取引のことをいう。もう少し厳密にいうと、インターネットのような電子的手段を用いて契約の申込みの誘引、申込みの意思表示、契約の成立から履行に至る過程の全部または一部が行われる取引ということができる[76]。電子商取引は、当事者が、事業者か消費者かの違いにより、B2B（事業者対事業者）、B2C（事業者対消費者）およびC2C（消費者対消費者）の三つの類型に分けることができる。

　契約とは、そもそも申込みの意思表示と承諾の意思表示の合致によって成立する。一般に、ビジネスの社会では契約書を取り交わすことが多いが、原則的には、契約書がなくても契約は成立する。このように、わが国の民法では、契約の成立に関しては、基本的に、意思表示になんら制限がないのでインターネットによる契約も成立すると考えられている。

　ただし、諸外国も同じかというとそうではない。そのため、国際的な取引を促進するためにも、統一的なガイドラインが必要である。国連の国際取引法委員会（UNCITRAL）が採択した「電子商取引モデル法」[77]はそのひとつであり、同法11条に「電子データを用いたことのみを理由としてその契約の有効性および執行力を妨げてはならない。」と規定している。

　いずれにせよ、インターネット上の画面に、商品情報を表示することは「申込みの誘引」であり、それを見て注文することが「申込み」、その注文を受けることが「承諾」である。よって、売主側が承諾の意思表示を表したときに契約は成立する。電子商取引の場合、これらがすべて電子的に行われることに特徴がある。

5.3 電子商取引の特徴

　今では、電子商取引も一般的な取引として認められているが、この節で

は、その特徴を整理しておこう。

(1) **電子的メッセージによる契約の成立**

旧来より、わが国では、多くの場合、書面を取り交わすことにより契約が成立してきた。しかし、書面の交付あるいは書面による手続きを義務付けている規制が、電子商取引の阻害要因になっていた。そのため、電子的手段による方法も認めることになった。また、企業に保存が義務付けられている文書についても、電子化された文書ファイルでの保存を認めた。このように、電子商取引では、従来の紙による文書から、電子的手段による方法を一般に認めることが最優先課題であった。

(2) **電子的メッセージの到達の迅速性**

わが国では、従来、隔地者間の契約では、例外的に、承諾時期は発信主義を採用してきた。これは、当事者同士が遠隔地にいる隔地者間契約の場合、早めに契約を成立させ履行に着手させる方が、迅速を尊ぶビジネスの要望に合うためであった。しかし、電子商取引の場合、遠隔地間の契約であっても、即時に承諾通知が届くので、あえて承諾時期を発信主義にする必要はない。逆に発信主義を採用することにより弊害が生じた。このように、電子的メッセージの到達の迅速性により、民法の原則通り、到達主義を採用する必要が生じた。

(3) **通信トラブル**

電子商取引では、相手方に確実に電子的意思表示が到達しなければならない。また、到達しただけではなく、相手方にとって読める状態でなければならない。しかし、電子商取引の場合、かならず通信トラブルという問題がつきまとう。通信トラブルで、電子的意思表示が到達しなかった場合の契約はどうなるのか。また、プロバイダのサーバ内のメールボックスに障害が生じた場合の責任はどうなるのかという、通信トラブルに関する問題が生じるという特徴をもつ。

(4) **情報リテラシー**

確実に電子的メッセージが到達したにもかかわらず、相手側の情報リテラシーが低く、その電子的メッセージを読むことができないという事態が起こ

りうる。たとえば、ワープロソフトの最新バージョンのような相手方が有していないアプリケーションソフトによって作成されたファイルによって通知がなされた場合、受け手側の責任において、そのメッセージを読むためにアプリケーションを入手しなければならないかという問題が発生する。このように、技術の進歩が速いと、情報リテラシーの問題が生じる。

(5) 操作の簡便性と錯誤

電子商取引の場合、コンピュータのキーやマウスの操作は不可欠である。たとえば、1個買うべきところ11個と入力してしまい、誤って購入ボタンをクリックしてしまった場合である。このように操作を間違えてしまった場合でも、契約は成立するのであろうか。電子商取引の簡便さから引き起こされる錯誤の問題が生じることに特徴がある。

(6) クリックラップ契約

電子商取引の場合、契約の条件（利用規約、約款）が画面上に表示され、それに対して「同意する」、「同意しない」の選択を迫られることがある。また、ソフトウェアを購入してインストールする場合も、利用約款が表示され「同意する」ことを迫られる。こういった契約の形態を附合契約といい、電子商取引では、クリックラップ契約と呼んでいる。このクリックラップ契約の有効性が問題とされるケースが多い。

以上、主な電子商取引の特徴を見てきたが、以下、それぞれについて詳しく見ていくことにしよう。

5.4 電子的メッセージによる契約の成立

わが国では、2001年4月から「書面の交付等に関する情報通信の技術の利用のための関係法令に関する法律」（書面一括法）が施行された。旧来より、わが国では、多くの場合、書面を取り交わすことにより契約が成立してきた。特に、訪問販売、割賦販売をはじめとする特定の取引では、消費者を保護するため、事業者が消費者に対して書面を交付することが義務付けられている[78]。

書面一括法の立法の趣旨は、「① 経済の IT 化が進展する中で、書面の交付あるいは書面による手続きを義務付けている規制が電子商取引等の阻害要因になっているとの指摘を懸念し、その緊急的な見直しを行い、② 電子商取引等を阻害する大きな要因の一つとして、各方面からの見直しの要望の強い民－民間の書面の交付あるいは書面による手続きの義務につき、従来の手続に加え、電子的手段を容認し、③ 送信者側も受信者側も『電子的手段』の方が望ましいと判断する場合に限り、その選択肢を与えるもの」としている[79]。

同法により、民－民間の書面の交付あるいは書面による手続きを義務付けている 50 本もの法律が一括して改正された。その内容は、民－民間の書面の交付あるいは書面による手続きについて、従来の紙ベースでの手続きにくわえ、送付される側の同意を条件に、電子メールによる電子的手段によっても行えるようにするものである。なお、電子的手段とは、電子メール、FAX、Web の活用、CD-ROM、フロッピーディスクの手交である。

また、電子的手段を使用する場合の条件は、「① 電子的方法によって交付することを受け手が合意していること、② 事後的に、受け手の要求があれば、紙で交付しなければならないこと、③ 交付者は電子的方法により交付されたことを確認する義務を負う等、通信に伴うリスクは交付者側が負うこと」である。

この場合の受け手の承諾が、Web 上に一般的な契約条件の一部として掲載されていれば足りるのか、それとも個別に承諾を得る必要があるのかが争点であるが、事業者側から見れば、個別に承諾を得るよりも契約条件の一部として盛り込んだほうが、手間が省けるであろう。この問題は、以下のクリックラップ契約の問題とも密接に絡むところである。

平成 17 年 4 月から施行された「民間事業者等が行う書面の保存等における情報通信の技術の利用に関する法律」（電子文書法）では、保存が義務付けられた文書の電子化を認める法律であり、企業に保存が義務付けられている文書について、電子化された文書ファイルでの保存を認めている[80]。同法成立に伴い、銀行法や証券取引法をはじめとする 251 の関連法令が一括改

正された。

5.5 電子的メッセージの到達の迅速性

電子商取引の場合、いつ契約は成立するのであろうか。これに対して、わが国では、明確に到達主義を採用している。「電子消費者契約及び電子承諾通知に関する民法の特例に関する法律」（電子消費者契約法）4条では、民法526条1項および民法527条の規定は、隔地者間の契約において電子承諾通知を発する場合については、適用しないと規定した。

では、この民法526条1項および527条とは何であろうか。民法526条1項は、隔地者間の契約は、承諾の通知を発した時に成立するとし、発信主義を採用している。また、民法527条は、申込みの撤回の通知の延着の規定である。つまり、電子商取引の場合、承諾通知が相手方（買主）に到達したときに、はじめて契約が成立するとしている。

もともと、わが国の民法は到達主義が採用されていた（民法97条1項）が、例外的に、承諾時期については発信主義がとられていた（民法526条1項）。つまり、売主が承諾通知を発信した時点で契約は成立する。この規定が置かれた理由は、当事者同士が遠隔地にいる隔地者間契約の場合、早めに契約を成立させ履行に着手させる方が、迅速を尊ぶビジネスの要望に合うためである。電子商取引の場合、即時に承諾通知が届くので、あえて承諾時期を発信主義にする必要はなく、電子消費者契約法4条では、明確に到達主義を採用した。

なお、同法2条4項では、電子承諾通知を「契約の申込みに対する承諾の通知であって、電磁的方法のうち契約の申込みに対する承諾をしようとする者が使用する電子計算機等（電子計算機、ファクシミリ装置、テレックス又は電話機をいう。）と当該契約の申し込みをした者が使用する電子計算機等とを接続する電気通信回線を通じて送信する方法により行うものをいう。」と定義しており、インターネットに限らず、FAXや電話でも到達主義を採用した。

5.6 通信トラブル

　契約の申込みや承諾の意思表示は、了知可能な状態に置かれる必要がある[81]。了知可能状態とは、その意思表示のメッセージを正確に知ることができる状態に置かれていることである。つまり、メッセージを読むか否かということではなく、読める状態であればメッセージが到達したとする。UNCITRALの「電子商取引モデル法」でも、「データメッセージの到達とは、名宛人が指定した情報システムに入ること、または、情報システムの指定がない場合には、名宛人自身の情報システムに入ること」と規定している[82]。

　経済産業省の「電子商取引等に関する準則」(平成15年6月)でも、「承諾通知の受信者(申込者)が指定した又は通常使用するメールサーバ内のメールボックスに読み取り可能な状態で記録された時点である。」としている[83]。これによると、承諾通知がいったんメールボックスに記録された後に、システム障害によりメールが消滅した場合にも、承諾通知に到達したことになる。

　しかし、送信された承諾通知が文字化けにより解読できなかった場合、添付ファイルによって通知がなされた場合に、申込者が有していないアプリケーションソフトによって作成されたため、復号して見読できない場合は、承諾通知は到達しないことになる[84]。また、通信トラブルにより、意思表示のメッセージが相手方に到達しなかった場合は、契約は成立しない。いずれも、了知可能状態には置かれていないからである。

　なお、了知可能について、最高裁判例では、了知可能と勢力範囲(支配圏)を同義に扱っているが[85]、プロバイダのサーバをメールボックスに使用する場合は、了知可能ではあっても、勢力範囲(支配圏)にあるとはいいがたい。一方、承諾通知が自己のパソコンのメールボックスに到達した場合は、了知可能であり、かつ勢力範囲(支配圏)にあるといえる。なぜなら、この場合、自己の責任において自己のパソコンを維持・管理することがで

き、障害を予防する対策も自己の責任において可能だからである。

　しかし、プロバイダのサーバ内のメールボックスに、承諾通知が到達した場合はどうであろうか。利用者である消費者に、プロバイダのサーバの管理能力および権限がない以上、自己の勢力範囲（支配圏）にあるといいがたいであろう。

　これについて、プロバイダとの契約内容いかんによっては、債務不履行責任を追及でき、また損害賠償請求を求めることもできるので、契約は成立させてもよいとする考え方もある。しかし、B2Cの場合、利用者である消費者は事業者から債務不履行責任を追及される可能性がある。また、消費者保護の立場から、承諾通知の消滅という自己の帰責性のない事象のために複数の訴訟に係わらしめることは、決して好ましいとはいえない。

5.7　情報リテラシー

　意思表示の受領とは、到達を受信者の側から観察した概念である。到達は、「了知し得べき状態」の成立であるから、受領者に了知し得るだけの能力がなければ、到達とはならない[86]。つまり、意思表示の受領能力は、「了知可能な状態」を創出するひとつの構成要素である。よって、「了知可能な状態」を考える場合、受領能力に関係する問題とそうでない問題に分けて考え、消費者の受領能力の観点からも議論されるべきである。

　たとえば、消費者が承諾通知を受け取ったが、それが文字化けで読めない状態の場合がある。このような場合、これを復元することはほとんど不可能に近いため了知可能とは言えず、このため到達したとは言えない。この場合、消費者の受領能力とは無関係である。一方、文字コードの設定を行えば復号が可能であるにもかかわらず、合理的に期待されている消費者の情報リテラシー[87]が低いため、メッセージの復号ができない場合がある。この場合には表意者（事業者）には責任がなく、相手方（消費者）が通常期待される情報リテラシーを有していることを前提として解釈されるべきである。

　たとえば、事業者が、ワープロソフトの最新バージョンで作ったメッセー

ジを送ったとしよう。この最新バージョンを相手方（消費者）が持っていない場合が考えられる。消費者は、そのメッセージを読むために、相手方は最新バージョンを入手しなければならない。このように、消費者が有していないアプリケーションによって作成されたファイルによって通知がなされる場合が考えられるが、消費者の責任において、そのメッセージを読むために、そのアプリケーションを入手しなければならないか、ということが問題になる。

消費者が有していないアプリケーションソフトによって作成されたファイルによって通知がなされたために、消費者が復号して見読することができない場合には、消費者の責任において、その情報を見読するためのアプリケーションを入手しなければならないとすることは相当ではない。よって、原則として、消費者が復号して見読可能である方式により情報を送信する責任は事業者にあるものと考えられ、消費者が復号して見読して不可能な場合には、原則として承諾通知は不到達と解される。ただし、無料でダウンロードできるようなアプリケーションまでも含むのかという点については、明確な答えはない。

これについては、時代ごとの常識的な消費者の情報リテラシーのレベルの議論となるが、基本的には、① 無料若しくは低廉で容易に入手できるアプリケーションであり、② インストールが、時間・労力的に容易であり、③ 入手方法が明確に送信者から指示がある場合、に限り契約成立とするとするのが妥当であろう。なぜなら、これらの要件を備えていれば、消費者の情報リテラシーの程度を事業者が意識する必要のない程度に復号可能だからである。

5.8 操作の簡便性と錯誤

インターネットによる商取引をする場合、コンピュータのキー操作は不可欠である。この操作を間違えてしまった場合の契約はどうなるのであろうか。民法では、錯誤について、「意思表示は、法律行為の要素に錯誤のあっ

たときは、無効とする。」(民法95条)としている。しかし、この規定には例外があり、「ただし、表意者に重大な過失があったときは、表意者は、自らその無効を主張することができない。」と規定している。つまり、表意者に重大な過失があった場合は、錯誤無効を主張することができない。では、キー操作の間違いは、重大な過失であるのか。

この点につき、電子消費者契約法3条では、「民法95条但書の規定は、消費者が行う電子消費者契約の申込み又はその承諾の意思表示について、その電子消費者契約の要素に錯誤があった場合であって、当該錯誤が次のいずれかに該当するときは、適用しない。」と規定した。この「次のいずれか」とは、「① 消費者がその使用する電子計算機を用いて送信した時に当該事業者との間で電子消費者契約の申込み又はその意思表示を行う意思がなかったとき。② 消費者がその使用する電子計算機を用いて送信した時に当該電子消費者契約の申込み又はその承諾の意思表示と異なる内容の意思表示を行う意思があったとき」の2つのケースをあげている。

しかし、この規定には例外があり、同法3条但書では、「当該電子消費者契約の相手方である事業者(その委託を受けた者を含む。以下同じ。)が、当該申込み又はその承諾の意思表示に際して、電磁的方法によりその映像面を介して、その消費者の申込み若しくはその承諾の意思表示を行う意思の有無について確認を求める措置を講じた場合又はその消費者から当該事業者に対して当該措置を講ずる必要がない旨の意思の表明があった場合は、この限りでない。」としている。

この例外規定は、具体的には次のことを意味する。つまり、事業者が注文の確認画面を用意して、それに同意して「確認」ボタンをクリックした場合は、重大なる過失と認められ、錯誤無効を主張することができなくなり、逆に、確認画面がなければ、錯誤無効を主張することができる。この規定は、電子消費者契約に適用される。すなわち、B2Cの取引の場合に限られる。

なお、電子消費者契約とは、消費者と事業者との間で電磁的方法により電子計算機の映像面を介して締結される契約であって、事業者又はその委託を受けた者が当該映像面に表示する手続きに従って消費者がその使用する電子

計算機を用いて送信することによってその申込み又はその承諾の意思表示を行うものをいう[88]。この定義により、消費者が自由に契約の内容を入力し、それを電子メールで送信して申込をした場合には、同法3条は適用されない。

「確認を求める措置」としては、申込みを行う意思の有無、および入力した内容をもって申込みの意思の有無について、消費者に実質的に確認を求めていると判断し得る措置になっている必要がある。たとえば、① あるボタンをクリックすることで申込みの意思表示となることを消費者が明らかに確認することができる画面を設定すること、② 最終的な意思表示となる送信ボタンを押す前に、申込みの内容を表示し、そこで訂正する機会を与える画面を設定すること、が考えられる[89]。

具体的には、「確認を求める措置」とは確認画面のことであるが、事業者が確認画面を設定しさえすれば、消費者は民法95条但書により錯誤無効を主張することができず、同法3条は、事業者側に有利に働くおそれもある。

5.9　クリックラップ契約

インターネットを介して契約を締結する場合、契約の条件（利用規約、約款）が画面上に表示され、それに対して「同意する」、「同意しない」の選択を迫られることがある。また、ソフトウェアを購入してインストールする場合も、利用約款が表示され「同意する」ことを迫られる。こういった契約の形態を附合契約といい、電子商取引では、クリックラップ契約と呼んでいる。

クリックラップの語源は、ソフトウェアのライセンスにおいて一般に使われる用語のシュリンクラップである。シュリンクラップ契約とは、使用許諾契約の内容を表面に印刷したパッケージを、透明フィルムによって包装しておき、ユーザがこの透明フィルムを破いた時点で、使用許諾契約を成立させようとするものである。

シュリンクラップ契約という手法は、契約として成立するかどうかは微妙

とされている。クリックしただけで契約が成立したと見做す場合、使用者側に契約したという認識を持たせることは難しいのが現実である。本来、契約は当事者同士の合意に基づくものである。しかるに、シュリンクラップ契約と同様に、単に画面上のボタンをクリックすることにより、実際に書面に署名した時のように、当事者が法律上拘束されるような同意をしたと十分に認められるのか、または契約条項を明示するだけで同意したと認められるのか、という問題が生じる。

今日、約款はネットショッピングに限らず、あらゆる取引において多く用いられ、約款の効用、その有用性は広く認識され、現代の大量生産大量流通のシステムのなかでは、不可欠のものになっている。しかし、他方、約款が利用される取引では、① 約款を作らない方の当事者は、当人にとって不利益になる条項の存在にすら気づかない可能性があり、はたして、契約の基礎となる「合意」が存在するのか、② 約款は、内容的にみて作成側当事者に一方的に有利になりがちであり、如何にして約款の内容を規制し約款の非作成者である当事者を不合理な内容の約款から保護するか、といった問題がある。

この点、アメリカの判例法上、クリックラップ契約の有効性について明確な解釈は得られていないが、契約の相手方当事者に条項を検討する機会が適切に与えられて、同当事者が「同意する」のように表示された箇所をクリックすることで承諾の意図を明白にした場合には、クリックラップ契約の有効性を支持するという一般的傾向がみられる[90]。

一方、「同意する」ボタンのない約款もあるが、これをブラウズラップ契約と呼んでいる。基本的にはこの有効性については、クリックラップ契約と同じであるが、「同意する」ボタンがないため、その有効性の判断は厳格にならざるをえない。画面の最下部に小さな文字や不明瞭な書体で書かれ、相手がこれに同意した根拠が見出せない場合は、その効力が否定されることになる[91]。

クリックラップ契約もブラウズラップ契約も、利用規約に「同意する」ボタンの有無の違いはあるものの、附合契約という意味においては同じであ

る。消費者に契約条件を正確に認識させるため、経済産業省は、わかりやすい申込画面の設定義務として、申込みの確認画面は例示しているが[92]、利用規約についての指針はみあたらない。

5.10 海外の電子商取引法

最後に海外の電子商取引法を見てみよう。海外では早い時期から電子契約についての議論がなされてきたが[93]、国連国際取引法委員会（UNCITRAL）[94]は、1993年から電子データ交換のためのモデル法作成作業を続けてきた。1996年5月末から6月にかけて、ニューヨークで開催された総会で、当モデル法のタイトルを「UNCITRAL電子商取引モデル法」[95]と改めたうえでこれを採択した。当モデル法は、2部構成17ヶ条からなる。電子データ交換をはじめとする、電子商取引に関する制度的障害の除去を目的としたものである[96]。

当モデル法は、商事取引に適用され、消費者取引および公的手続きを適用範囲から排除したものの、消費者取引に関しては、当モデル法を適用することで、消費者に有利な帰結が導かれる可能性もあるため、「本法は消費者保護を目的とするいかなる法規範（rule of law）にも優先するものではない」と脚注を置くことにして、消費者取引を一律に適用範囲からはずすという方式を避けた[97]。

同モデル法では、「データメッセージ」という用語を使用しているが、同モデル法2条(a)では、「データメッセージ」を「電子データ交換、電子メール、電報、またはテレコピーを含むが、これに限定されないところの、電子的、光学的、または類似の手段によって創造され、送信され、受信され、または保存された情報をいう。」と定義している。

「データメッセージ」という用語は、その外延が必ずしも明確とはいえないが、それは光学的なデータ伝達手段のような、従来の技術的な進歩に耐えうる概念を用いようとしたためであり、その中心的な対象がコンピュータ処理の可能な形体をとった情報である[98]。

また、アメリカのモデル法である統一コンピュータ情報取引法(以下、UCITAと略す)[99]では、電子契約を明確には定義していない。しかし、「契約」の定義は、当事者の合意に基づく法的な債務全体とし、アメリカ統一商事法典(UCC)に従うとしている[100]。ただし、詐欺防止法を定めたUCC§2-201では、特定の契約を書面で行うことが義務付けられている。電子的に作成される契約文書に効力を持たせるには、当事者がこうした文書に関して合意したという電子的表示が存在しなければならない。アメリカの連邦法である「Eサイン法」(The Electronic Signatures in Global and National Commerce Act/E-Sign Act)では、デジタル署名を取り入れた。

なお、「電子的」の定義は、「電子・デジタル・磁気・無線・光学・電磁的及びその他同様の性質をもつものを使った関係する技術」としている[101]。一方、統一電子取引法(以下、UETAと略す)[102]も、電子契約の明確な定義を与えていない。ただし、契約についてはUCITAと同様な定義をしている[103]。また、「電子的」の意味も同様の定義である[104]。

注

(76) 髙橋和之=松井茂記編『インターネットと法(第2版)』(有斐閣、2001年)105頁。
(77) UNITED NATIONS COMMISSION ON INTERNATIONAL TRADE LAW. UNCITRALは、国際間の商取引に関し、モデル法やガイドラインの形式で調和のとれた法政策を提案する国連の機関である(http://www.uncitral.org/)(2006年12月4日アクセス)。
(78) 特定商取引に関する法律;割賦販売法。
(79) 経済産業省ホームページ(http://www.meti.go.jp/kohosys/press/)(2006年12月4日アクセス)。
(80) 電子文書法(e-文書法)3条。
(81) 最判昭和36年4月20日民集15巻4号774頁。
(82) 1996 UNCITRAL Model Law on Electronic Commerce. UNCITRAL電子商取引モデル法(http://www.uncitral.org/en-index.html)(2006年12月4日アクセス)。
(83) 経済産業省「電子商取引等に関する準則」2頁。
(84) 前掲注(83)2頁。
(85) 前掲注(81)では、「それらの者にとって了知可能の状態に置かれたことを意味するものと解すべく、換言すれば意思表示の書面がそれらの者のいわゆる勢力範囲(支配圏)内におかれることをもってたるもの」と判示している。
(86) この能力を意思表示の受領能力という(我妻栄『新訂民法総則(民法講義I)』(岩波書店、1960年)321頁)。
(87) インターネットの情報通信やパソコンの情報通信機器を利用して、情報やデータを活用するための能力・知識のこと。インターネット上での情報収集・発信能力やマナー、危機やソフトの活用能力、各種情報の分析・整理能力も含まれる。

(88) 電子消費者契約法 2 条 1 項。
(89) 前掲注（83）40 頁。
(90) 増井・舟井・アイファート＆ミッチェル法律事務所編『米国インターネット法』（JETRO、2002 年）68 頁 ; Hotmail Corp. v. Van$Money Pie, Inc. et al., 47 U.S.P.Q.d 1020 (N.D. Cal. 1998)；Groff v. America Online, Inc., 1999 WL 307001 (R.I Supper, May 27, 1998).
(91) Specht v. Netscape Communication Corp., 150F.Supp.2d 585 (S.D.N.Y.2001).
(92) 前掲注（83）44 〜 49 頁。
(93) A.H.Boss, *Electronic Data Interchange Agreements: Private Contracting Toward a Global Environment*, 13 NW.J.Int'l.& Bus.31（1992）[LEXIS].
(94) 前掲注（77）。
(95) 前掲注（82）。
(96) 内田貴「電子商取引と法（1）」NBL600 号（1996 年）39 頁。
(97) 内田・前掲注（96）44 頁。
(98) 内田・前掲注（96）44 頁。
(99) UNIFORM COMPUTER INFORMATION TRANSACTION ACT（Last Revisions or Amendments Completed Year 2001）.
(100) U.C.I.T.A. supra note(25), § 102(17).
(101) U.C.I.T.A. supra note(25), § 102(26).
(102) UNIFORM ELECTRONIC TRANSACTION ACT（1999）. 全国統一法制定会議（NCCUSL）は、各州の電子取引においてより標準化したアプローチが取れるように、U.C.I.T.A. とは別のモデル法を提案した。ただし、U.E.T.A. は、電子取引をすることに合意した当事者間の取引だけに適用される。電子取引に合意したか否かは当事者が取引を電子上で行うという明示の合意に限定されず、諸般の状況から判断される（U.E.T.A. § 5(b)）。
(103) U.E.T.A. supra note(28), § 2(4).
(104) U.E.T.A. supra note(28), § 2(5).

第6章

ネットビジネス

《本章のねらい》

　最近では、自分でホームページを開設し、ネットビジネスを立ち上げる人が増えてきている。インターネット上の電子商店は、特定商取引法の通信販売に該当する。いわゆるインターネットを利用した通信販売である。
　ネットビジネスを立ち上げる場合、いくつか考えなければならない法的な問題がある。たとえば、コンテンツの著作権、商標とドメイン・ネーム、リンクとフレーム、代金決済の問題である。また、電子モール運営業者の法的責任も考えなければならない。
　本章では、これらの問題について考えてみよう。

6.1 電子商店

　経済産業省によると、わが国のネットビジネスの市場規模は、1999年では、全市場の0.1％でしかなかったものが、2004年には約5兆6,430億円になり、2007年には13兆円に達しようとしている。とくに、携帯電話の機能向上や通信料の定額制普及を追い風に、モバイルコマース市場が急激に拡大している。国内の業界では、楽天とヤフーがその牽引車となっている。国内市場の事業別内訳は、不動産18.6％、自動車11.6％、旅行11.7％、エンターテイメント7.5％、趣味・娯楽・家具6.1％と続いている。とくに旅行やエンターテイメントの成長が著しい。前章では、電子商取引の契約に関する法的な諸問題を見てきたが、この章では、もう少し広く、ネットビジネス全体について、どのような問題が含まれているか見ていくことにしよう。

　インターネット上の電子商店は、仮想店舗、オンラインショップ、サイバーショップ、インターネットショップ、バーチャルショップとも呼ばれている。しかし、厳密な定義はない。その取引の形態は、法的には、特定商取引法の通信販売[105]に該当する。よって、総称して「ネット通販」と呼ばれている。

　インターネット上に電子商店の開設は、単独で電子商店を開設する単独出店と、電子モールの一部を間借りして共同で出店するモール出店とに分けられる。さらに前者は、自己のサーバ上に電子商店を開設する場合と、インターネット・サービス・プロバイダ（ISP）（以下、ISPと略す。）[106]のサーバの一部を借りて出店する場合にわけられる。

　また、後者は、電子モール管理者が出店した店の営業にかかわることなく、単にモールの空間を貸している場合と、逆に、共同経営をしている場合に分けることができる。このように、電子商店を開設する場合、電子モール運営業者やISPとの契約内容が重要であり、これらがいかなる法的責任を負うかを明確にしなければならない。

　大規模大型店の場合、独自のサーバを立てて電子商店を単独に開設するこ

とが可能であろうが、従来からある商店街の小規模な商店が電子商店を開設する場合や、個人で新たに電子商店を開設する場合は、ISPのサーバ上に電子商店を開設することが多い。この場合、ISPとの契約内容によって、負うべき法的責任が異なる。よって、電子商店出店者は、ISPとの契約内容を熟知した上で、電子商店を開設することになろう。

一方、電子商店が電子モールのテナントになる場合、電子商店開設者は、電子モール運営業者とテナント契約を結ばなければならない。この場合、電子モール運営業者が単に店の空間を貸すだけなのか、それとも店の営業にいくらかでもかかわるのかによって、契約内容も異なる。また、電子モール運営業者が自分でサーバを持たない場合は、ISPからサーバの一部のスペースを賃借してインターネット接続サービスを受ける場合がある。この場合、電子モール運営業者が、ISPとの契約を一括して締結するのか、それとも電子商店出店者が、電子モール運営業者とのテナント契約とは別に、ISPとの契約を結ばなければならないのかによって異なってくる。

多くの場合、電子モール運営業者やISPは、電子商店の家主、サイバースペースの賃貸人、またはインターネット接続業者に過ぎない。よって、これらは、基本的には、電子商店とその顧客との間の売買契約、役務提供契約には立ち入ることはない。しかし、電子モールの外観作出による損害賠償責任や、電子モールが代金決済を代行する場合の責任が問われる可能性がある。

6.2 ネットビジネスの特徴

ネットビジネスには、いくつかの法的な問題を伴った特徴がある。この節では、これらの特徴について整理しておこう。

(1) 著作権の問題

電子商店のホームページ上のコンテンツは著作物であり、著作権が存在する。しかし、インターネット上の著作物は、それらがすべてデジタル化されたデータであるので、容易に複製・改変が可能である。それゆえ、著作権に

対する意識が薄れ、認識のないまま著作権侵害を犯しやすいことに特徴がある。

(2) **商標とドメインネーム**

電子商店を始めるには、電子商店の所在地であるドメインネームを取得しなければならない。しかし、ドメインネームの申請のときに気をつけなければならないことは、他人の商標を侵害しないかどうかの事前チェックである。ドメインネームは、通常、会社名や商品名を使うことが多いが、これらがすでに使用されているものかどうか確認しなければならない。このように、使用確認のないドメインネームは、商標権侵害または不正競争防止法違反となる可能性がある。

(3) **リンク**

リンクとは、クリックすることにより、ひとつのウェブサイトから、参照の目的で他のウェブサイトへのアクセスを可能にした技術である。これ自体は、著作権侵害にはならないが、リンクを巧妙に使用することにより、他人のウェブサイトを、いかにも自分のウェブサイトであるかのような外観を作出することが可能である。この場合、商標権侵害や不正競争防止法違反の可能性がある。

(4) **フレーム**

フレームとは、本来のウェブを表示しつつも、画面の一部をリンクによって別のウェブを表示する技術である。このフレームは、広告収入に係わる問題が多い。つまり、最初のウェブに広告を出した広告主は、フレームにより表示されている2番目のウェブサイトに広告料は支払わない。このことが広告収入の不公正として問題にされることが多い。

(5) **電子モール運営業者の責任**

電子商店が、その商標や商号を表示せず、所属する電子モールが直接運営している店舗であるかのごとく外観を作出したような場合、電子モール運営業者の法的責任はどうなるのであろうか。とくに、顧客が電子モール運営業者の直営店であると誤信した場合、電子モール運営業者は、顧客に対して損害賠償責任を負うのであろうか。

(6) **代金決済となりすましの問題**

電子モール運営業者は、電子商店に代わって代金決済を代行する場合、代金回収までの責任を負うのであろうか。また、いわゆる「なりすまし」が起きた場合、それぞれの法的責任はどうなるのであろうか。

6.3 コンテンツの著作権問題

電子商店を開設する場合、一般に、ホームページ上のコンテンツには著作権がある。すべてオリジナルで作る場合は、著作権はその作成者に帰属するので問題はないが、他人の著作物を借用する場合には、その著作権処理が問題となる[107]。一般に、インターネット上のデジタル化されたデータは、著作物として保護されるので、他人の著作物を無断で借用すると著作権侵害となる。

しかし、インターネット上のデジタル化されたデータであっても、すべて著作権があるかというとそうではない。明確に著作権が放棄された公の著作物については、いくら借用しても問題はない。いわゆる、パブリック・ドメインと呼ばれるものの中にあるコンテンツが、それに該当する。パブリック・ドメインの中のコンテンツ以外のものについては、利用許諾、対価の支払いや、ライセンス契約の著作権処理が必要となる。

電子商店の開設にあたっては、自らの著作権を守るためウェブサイト上にコピーライトの表記をしておくとよい。たとえば、「© Copyright 2007 名称. All rights reserved」のように記し、たとえば、「このウェブサイトは電子商店所有者の著作物であり、所有者の事前承諾なくして勝手に複製・使用・改変できない。」と表記しておくことにより著作権を自ら守るとよいであろう[108]。なお、インターネット上の著作権については、第12章「デジタル著作権」で詳しく説明する。

6.4 商標とドメインネーム

　電子商店を開設するには、電子商店の所在地であるドメインネームを取得しなければならない。ドメインネームとは、インターネットを通して、ウェブサイトへアクセスするためのアドレスのことである。一般に、URL (Uniform Resource Locator) と呼ばれる。たとえば、国際法比較法データベースの URL である http://www.iclds.com の場合、iclds.com がドメインネームにあたる。

　日本を意味する jp ドメインの場合、このドメインネームの取得は、社団法人「日本ネットワークインフォメーションセンター」(Japan Network Information Center/JPNIC) [109] に登録申請することによって行う。この場合、電子商店出店者が直接登録申請を行うケースと、IPS が代行して行うケースとがある。この取得によりウェブサイトの URL が取得できる。

　ドメインネームの申請では、他人の商標を侵害しないかどうか事前にチェックする必要がある。ドメインネームは、通常、会社名や代表的な商品名を使用する場合が多いが、すでに使用されているものを使用することはできない。とくに、商標分類で同じカテゴリーにあり、商標登録または出願されている商標と同じ名称を使用すれば、商標権侵害または不正競争防止法違反となる可能性がある。

　商標の保護とは、商標権による独占排他権を付与することであり、商標の存在により、商標に蓄積された業務上の信用を第三者から守ることができる [110]。商標法が保護する商標とは、文字、図形をはじめとする標章を商品または役務に反復して使用すると該当する [111]。

　商標として成立するには、単なる文字列やマークを、特定の商品や役務に使用することが必要であり、一般に商標登録出願することにより商標権が取得できる。なお、出願された商標自体が、他の商標と識別できるものでなければならない。インターネット上のドメインネームも同様であり、他との識別力を有していなければならない。

ドメインネームには、トップレベル・ドメインネーム（Top Level Domain Name/TLD）と、セカンドレベル・ドメインネーム（Second Level Domain Name/SLD）がある。たとえば、上記の iclds.com では、TLD が .com である。JPNIC に登録申請すると TLD が jp となる。TLD は、もともとアメリカの軍事・学術研究がその使用起源であり、.com、.net、.org、.gov、.ed からスタートした。これらは gTLD（generic Top Level Domain）と呼ばれ、現在、ICANN（Internet Corporation for Assigned Names and Numbers）が管理している。

.com、.net、.org は、従来 Network Solution 社が管理し、.org、.ed は IANA（Internet Assigned Number Authority）がアメリカ政府と独占的に委託契約を結んでいた。ところが、1998 年 1 月に、アメリカ政府はドメインネームの管理から手を引き、IANA が母体となった ICANN が管理することになった。現在、ICANN が登録受付業務を行うレジストラを世界中から募集し、その認定を行っている。

わが国では、jp ドメインの場合、JPNIC 等が出資した日本レジストリ・サービス（JPRS）が、この業務を行っており、JPRS がレジストラとして指定した事業者からの登録申請を管理している。このように、jp ドメインのように、各国で個別に管理登録が行われているものを ccTLD（country code Top Level Domain Name）と呼んでいる。

6.5　リンク

リンクとは、ウェブサイト上のある部分をクリックすると、他のウェブサイトへ移動する技術であり、具体的には、ハイパーリンクという仕組みを使用することによって行う。つまり、ひとつのウェブサイトから、参照の目的で他のウェブサイトへのアクセスを、クリックひとつで簡便に行う技術である。通常、引用は、その限定した一部分のみの引用になるが、リンクの場合には、画面を別のウェブサイトに飛ばすことであり、厳密な意味での引用とは異なる。

リンクは、デジタル化されたデータのコピーではなく、単に参照することであるから著作権侵害にはあたらない。しかし、他人のウェブサイトがいかにも自分のウェブサイトであるような外観を作出すると、商標権侵害[112]や不正競争防止法違反[113]の可能性がある。

リンクの技術は、インターネットの特徴を最も表している技術であり、この利便性は計り知れないものがある。しかし、直接的には、著作権侵害にはならないが、リンクを巧妙に使用することにより、コピーと同じような効果をもたらす可能性もある。このリンクに関する過去の裁判例を見てみよう。

(1) チケットマスター事件

リンクが問題になったアメリカの事件として、チケットマスター事件がある[114]。チケットマスター社（原告）は、スポーツやコンサートのチケットを販売する大手のウェブサイトを持つ。一方、チケット社（被告）も、ウェブサイトでチケットを販売していた。しかし、自らが取り扱っていないチケットについては、どこで入手できるかについての情報をウェブサイト上に提供していた。チケットマスター社は、このようなリンクが著作権法違反になるとして提訴した。

カリフォルニア中央区連邦裁判所は、事実のデータは著作権法上のコピーに該当しないとした Feist Publication 事件のアメリカ連邦最高裁判決[115]を引用して、当該事実データの表現や、構成を問題としているのではない本件においては、イベント情報自体は著作権法の保護に値しないと判断した。

同裁判所は、このような行為は、「歴史の参考文献から歴史的な事実を抜き出し、それを新たに自らの異なった表現で発表する場合と同じである。」という例を示して、歴史的事実の抜き出し行為が著作権法で保護されないのと同様に、本件も保護されないと判示した[116]。

(2) YOL 事件

わが国の比較的新しい事件として、読売新聞社対デジタルアライアンス事件がある[117]。この事件は、読売新聞社が、無断で読売オンライン（YOL）のリンクを張ったデジタルアライアンス社を提訴した事件である。

控訴審の知財高裁は、「無断で、営利の目的をもって、かつ、反復継続し

て、しかも、YOL 見出しが作成されて間もないいわば情報の鮮度が高い時期に、YOL 見出しおよび YOL 記事に依拠して、特段の労力を要することもなく、これらをデッドコピーないし実質的にデッドコピーして LT（ラintトピックサービス）リンク見出しを作成し、これを自らのホームページ上の LT 表示部分のみならず、2 万サイト程度にも及ぶ設置登録ユーザのホームページ上の LT 表示部分に表示させるなど、実質的に LT リンク見出しを配信しているものであって、このようなラintトピックサービスが控訴人の見出しに関する業務と控訴人の YOL 見出しに関する業務と競合する面がある。」とし判示した。

また、同裁判所は、「社会的に許容される限度を超えたものであって、控訴人の法的保護に値する利益を違法に侵害したものとして不法行為を早世するものというべきである。」と判示している。「鮮度が高い時期」という表現は、ニュースのような新しいものに時限的な価値（準財産権、quasi-property）を認め、不正目的使用の法理を意識したものであろう。

6.6 フレーム

リンクに似た技術にフレームがある。フレームとは、ウェブの画面を区切って別のものを表示する技術である。具体的には、本来のウェブを表示しつつ、画面の一部をリンクによって別のウェブを表示する。このフレームを利用すると、利用者は、最初のウェブにはアクセスしたが、実際上は、2 番目に表示されたウェブを閲覧していることになる。

この場合、広告収入がからんでいると問題になることが多い。つまり、最初のウェブサイトに広告を出した広告主は、最初のウェブサイトに対して広告料を支払うが、実際上は、フレームを張られた 2 番目のウェブサイトを利用者が見ているにもかかわらず、広告料はフレームを張られた 2 番目のウェブサイトに支払われることはない。よって、2 番目のウェブサイトの所有者から最初のウェブサイトの所有者に対して不正に広告収入を得ており、広告収入のただ乗りであると批判されることになる。

商業的なウェブの場合、事前にフレームを張る相手方と、当事者間で契約を締結する等の問題解決を図るべきであろう。コンテンツの閲覧時間に応じて、広告収入の配分の実務上のガイドラインが、アメリカ法曹協会（American Bar Association/ABA）から「Web-Linking Agreements」という名で出版されている[118]。

アメリカで、フレームの問題で争われたリーディング・ケースが、トータルニュース事件[119]である。この事件は、トータルニュースというWebの一部に、ワシントンポスト紙の記事が映し出された[120]。この事件は、原告がサービス利用契約で禁止したディープ・リンク（deep linking）が問題とされたが、その後、和解が成立した。ディープ・リンクとは、リンク先であるWebのトップページにリンクするのではなく、Webの深層部にあるコンテンツにリンクすることであり、広告目的が達成されないケースがあるので、問題になることが多い。

6.7　電子モール運営業者の法的責任

電子モールのテナント貸しをする電子モール運営業者やISPは、一般に、電子商店出店者とその顧客との直接の契約関係の中には入らない。よって、基本的には、電子モール運営業者やISPは、製品保証の契約責任を直接顧客に負うことはない。

しかし、電子商店出店者が、その商標や商号を明確に表示せず、自分の電子商店が、所属する電子モールが直接運営している店舗であるかのごとく外観を作出したか、またはそう誤解させる行為をとった場合であって、顧客が電子モール運営業者の直営店であると誤信した場合には、電子モール運営業者は、顧客に対して損害賠償責任を負う可能性が高い。

その根拠となる判例は、平成7年のオウム病事件である[121]。この事件で、最高裁は、「百貨店のテナントであるペットショップがその商標や商号を明確に表示せず、テナントが百貨店の直接経営している店舗であると誤信させる外観を作出した事件であり、『名板貸し責任』の類推適用により、テ

ナントの欠陥商品（オウム病にかかったインコ）により損害賠償責任を負う。」と判示した。この事件は、電子モールのテナントの顧客に対する損害賠償ではないが、電子モールも外観作出責任を考える場合に参考になる。

　これにより、電子モール運営業者は、電子商店出店者とのテナント契約の条項のなかに、商品の品質の問題については責任を負わない等の免責条項を明確に入れておく必要があり、また顧客に対してもウェブ上で、その旨通知しておく必要があるであろう。

6.8　代金決済

　電子モール運営業者が、電子商店出店者にかわって、代金決済を代行する場合を考えてみよう。電子モール運営業者も、ビジネスの競争社会において、できるだけ優良なテナントを集めるため、いろいろなサービスをテナントに提供しているが、そのひとつが代金決済機能のサービスの代行である。

　顧客が代金を支払わなかった場合、電子モール運営業者は、いかなる責任を負うかについては、もっぱらテナント契約の内容による。しかし、テナント契約には、顧客の代金決済サービスは行うが、回収ができなかった場合のリスクの帰属が記載されていなかった場合は問題となることが多い。よって、電子モール運営業者は、代金回収リスクを回避するための免責条項をテナント契約のなかに含めることが必要となろう。

　ここで、決済の方法を整理しておこう。電子商店の決済の方法は、以下のようにいくつかの方法がある。①利用者から販売者に対して、銀行振込、代金引換郵便、インターネット外の手段により決済するもの、②利用者がクレジットカードの番号をインターネットにより販売者に伝えることによりクレジットカードで決済するもの、③利用者が電子クレジット会社からインターネット専用のID番号および暗号の発行を受け、ID番号および暗号によりクレジット会社が本人確認を行い、販売者に代金を支払い、利用者の銀行口座から代金を引き落とすもの、④利用者が電子クレジット会社から、インターネット専用のID番号および暗号の発行を受けるとともに、あらか

じめ一定額を支払い、販売者に代金を支払うもの、⑤利用者が電子モールの会員となり、利用者は電子モール特有のID番号および暗号の発行を受け、ID番号および暗号により電子モールが本人確認を行って、決済の取次ぎを行い、決済のための情報をクレジットカード会社に伝え、クレジットカード会社が電子モールを経由して、販売者に代金を支払い、利用者の銀行口座から代金を引き落とすもの、⑥クレジットカードの利用者がSET（Secure Electronics Transaction）[122]用のソフトウェアでカード番号等を暗号化し、加盟店サーバを通じてペイメントゲートウェイに送信し、ペイメントゲートウェイで暗号化された情報を復号してからカード会社に送信して信用照会を行い、クレジットカードで決済するもの、⑦電子マネーの発行体からあらかじめ現金と引き換えに電子マネーとして通用する電子情報の発行を受け、電子情報を販売者に送信することにより決済するもの、に分けることができる[123]。

6.9　クレジットカードによる決済

　現在は、クレジットカード取引が一般的である。この場合、利用者（会員）とクレジットカード会社、クレジットカード会社と販売者（電子商店）、利用者（会員）と販売者（電子商店）の法律関係を明確にしておく必要がある。

　ネットショッピングの場合、クレジットカードの番号をウェブ上の画面に入力することになる。この場合、利用者が実際にカードを所持しているのか、またはカードの利用者が本人なのかを確認することはできない。とくに、他人になりすましてカードを利用する、いわゆる「なりすまし」が起こる可能性が高い。そこで、カード番号の不正利用が行われた場合の、それぞれの法的責任が問題となる。

　カードの紛失や盗難にあった場合の責任は、基本的には、利用者とクレジットカード会社との契約内容による。しかし、一般に、①カードの紛失又は盗難により他人にカードを使用された場合の損害は利用者が負う、②

ただし、利用者が紛失・盗難の事実をカード会社および警察署に届け出た場合には、カード会社が届出を受理した日の一定日前以降に発生した損害については、カード会社は利用者に対し、一定の場合を除きその支払いを免除する、と規定されていることが多い。このような約款は、公序良俗に違反するかどうかが争われたが、裁判所は、公序良俗に違反しないとした[124]。

では、カード紛失や盗難ではなく、カード番号が盗み取られてそれが不正使用された場合はどうであろうか。この場合、上記①には該当せず、カード会社は利用者に代金を請求することはできない。なぜなら、暗証番号と違って、カード番号自体を厳重に管理する体制がとられておらず、カード会社は、利用者に対してカード番号も暗証番号と同じように管理する義務も負わせていないからである。

インターネットを用いた決済は、高度なセキュリティ対策が必要であるが、セキュリティ対策が万全ということはありえず、不正利用の脅威からは逃れられない。不正利用が行われ、不正利用者からの回収が困難な場合の明確な危険負担が必要である。

キャッシュカードの不正利用については、銀行の設置した現金自動預払機（ATM）を利用して、預金者以外の者が不正に預金の引き出しをした事件がある。この事件は、車のナンバーと同じ番号を暗証番号にしておいたキャッシュカードと預金通帳を車のダッシュボードに入れておいたが車ごと盗まれ、ATMから不正に800万円もの大金を引き出された事件である。

最高裁は、民法478条の「債権の準占有者に対する弁済」から、「債権の準占有者に対する弁済が民法478条により有効とされるのは弁済者が善意かつ無過失の場合に限られるところ、債権の準占有者に対する機械払の方法による預金の払戻しにつき銀行が無過失であるというためには、払戻しの際に機械が正しく作動したことだけでなく、銀行において、預金者による暗証番号等の管理に遺漏がないようにさせるため当該機械払の方法により預金の払戻しが受けられる旨を預金者に明示すること等を含め、機械払システムの設置管理の全体について、可能な限度で無権限者による払戻しを排除し得るよう注意義務を尽くしていたことを要するというべきである。……（中略）

……通帳機械払のシステムを採用する銀行がシステムの設置管理について注意義務を尽くしたというためには、通帳機械払の方法により払戻しが受けられる旨を預金規定等に規定して預金者に明示することを要するというべきであるから、被上告人は、通帳機械払のシステムについて無権限者による払戻しを排除し得るよう注意義務を尽くしていたということはできず、本件払戻しについて過失があったというべきである。」と判示した(125)。

キャッシュカードの不正使用に関して、平成18年2月から施行された「偽造カード等及び盗難カード等を用いて行われる不正な機械式預貯金払戻し等からの預貯金者の保護等に関する法律」(預金者保護法)では、民法478条を適用せず(同法3条)、偽造・盗難キャッシュカードを使ったATMでの預金引き出し被害の補償を、金融機関に義務付けた。被害を受けた預金者に過失がなければ金融機関が原則として被害を全額補償し、金融機関側には預金者に落ち度があったかを立証する責任も課している。

ただし、同法では、盗難通帳による窓口引き出しや、ネットバンキングの利用者から暗証番号を不正に盗み取る「フィッシング」のインターネット取引は対象外としており、2年後に見直すことになっている。この法律の成立の背景には、平成17年1月の群馬県富岡市のゴルフ場を舞台に、組織的なキャッシュカードの偽造が行われ、その偽造団が警視庁に逮捕された事件がある。

カードローンの不正利用については、その責任を契約者が負うとする約款の有効性を認めた判例もあるが(126)、何ら帰責事由もないのにカード契約者のみにカードの不正利用の危険を負担させるのは合理性に問題があるとした裁判例もある(127)。

ネットショッピングの場合の決済の危険負担について、経済産業省の「電子商取引等に関する準則」では、なりすまされた本人に帰責事由がある場合とない場合に分けて考えている。帰責事由がある場合は、なりすまされた本人に支払いまたは賠償義務があるとするが、故意または重大な過失がある場合や、カード会員の関係者がカードを使用した場合、なりすまされた本人の責任が重い場合を除いて、カード会社の負担または保険により、本人の支払

うべき金額を補填するとしている。一方、なりすまされた本人に帰責事由がない場合は、支払い義務は生じないとしている[128]。

注

(105) わが国の「特定商取引に関する法律」(以下、「特定商取引法」と略す) では、ネットショッピングのような電子消費者契約も、特定商取引法の指定商品、指定権利の売買契約または指定役務の提供契約になる場合は、特定商取引法の「通信販売」としての規制を受ける (特定商取引法 11 条および 15 条)。
(106) ISP (Internet Service Provider) とは、インターネット接続業者のことであり、ISDN 回線、データ通信専用回線を通じて、顧客である企業や家庭のコンピュータをインターネットに接続することを主な業務とする (IT 用語辞典 e-Words, http://e-words.jp/)。
(107) 著作権法 10 条では、著作物の具体的な例示が記されている。
(108) 著作物を創作した者が、著作物を創作した時点で、著作者の権利を取得する。著作者の権利とは、著作者人格権と著作権がある。
(109) (財) 日本ネットワークインフォメーションセンター (http://www.nic.ad.jp/) (2006 年 12 月 4 日アクセス)。
(110) 商標法 25 条。
(111) 商標法 2 条 1 項。
(112) 商標法 36 条 1 項。
(113) 不正競争防止法 3 条。
(114) Ticketmaster Corp. v. Tickets.Com Inc. 54 U.S.P.Q. 2d 1344 (C.D.Cal., 2000)。
(115) Feist Publications, Inc. v. Rural Telephone Service Co., 499 U.S. 340 (1991)。
(116) コーネル大学著作権法判例集 Feist Publication 事件
(http://www.law.cornell.edu/copyright/cases/499_US_340.htm) (2007 年 2 月 7 日アクセス)。
(117) 知財高判平成 17 年 10 月 6 日。
(118) American Bar Association (ABA) (http://www.abanet.org/) (2006 年 12 月 4 日アクセス)。
(119) The Washington Post Co.v.TotalNews Inc.(1997), No.97 Civ. 1190 (PKL) (S.D.N.Y. complaint failed Feb.20, 1997)。
(120) Total News (http://totalnews.com/) (2006 年 12 月 4 日アクセス)。
(121) 最判平成 7 年 11 月 30 日民集 49 巻 9 号 2972 頁。
(122) クレジットカード番号や注文書を安全に送信するために、Visa と MasterCard が中心になって作成した決済プロトコル。
(123) 内田＝横山・前掲注 (9) 119～120 頁。
(124) 札幌地判平成 7 年 8 月 30 日判タ 902 号 119 頁 ; 大阪地判平成 5 年 10 月 18 日判時 1488 号 122 頁。
(125) 最判平成 15 年 4 月 8 日民集 57 巻 4 号 337 頁。
(126) 最決平成 11 年 9 月 17 日金融法務事情 1562 号 94 頁。
(127) 福岡高判平成 11 年 9 月 22 日金判 1077 号 3 頁。
(128) 経産省・前掲注 (83) 8～9 頁。

第 7 章

インターネットと消費者保護

《本章のねらい》

　ネットショッピングで物を買い、お金を払ったがモノが届かない、また、モノが届いたとしても、実際に予想していたものとはだいぶ違っていた。このように、ネットショッピングのトラブルは起こりやすい。また、ネットオークションのトラブルも頻発している。
　消費者から、このようなトラブルを未然に防ぐために、消費者保護として広告規制、返品特約がある。本章では、これら消費者保護の法規制について考えてみることにしよう。

7.1 特定商取引法

　訪問販売、電話勧誘販売、マルチ商法をはじめとする消費者トラブルがいまだに後を絶たない。これらを規制するのが「特定商取引に関する法律」（特定商取引法）である。同法は、1976（昭和51）年に「訪問販売等に関する法律」（訪問販売法）として制定され、2000（平成12）年に改称されたが、訪問販売、通信販売、電話勧誘販売、連鎖販売取引、特定継続的役務提供、業務提供誘引販売取引の6種類の特定商取引を規制している。

　インターネットを利用したネットショッピングは、特定商取引法上の「通信販売」に該当する。通信販売とは、「販売業者又は役務提供事業者が郵便その他の経済産業省令で定める方法により売買契約又は役務提供契約の申込みを受けて行う指定商品若しくは指定権利の販売又は指定役務の提供であつて電話勧誘販売に該当しないものをいう。」と規定されている（同法2条2項）。

　また、同条文中の「経済産業省令で定める方法」とは、「電話機、ファクシミリ装置その他の通信機器又は情報処理の用に供する機器を利用する方法」である（同法施行規則2条2号）。なお、指定商品、指定権利、指定役務については、同法施行令3条に詳しく規定されている。

　個人がホームページを開設して、副業的に販売業を行ったり、個人がインターネット・オークションに出品する場合でも、反復継続して行っている場合は事業者とみなされる。また、ホームページや電子メールで電子的な広告を行い、これに対して、Webサイト上で電子的手段で申し込む場合だけでなく、FAXや電子メールの送付や、郵便で申し込む場合も含まれる[129]。

　一般に、通信販売は、カタログや広告、ホームページ、テレビを見て、消費者が自発的に購入意思を形成し、電話等の通信手段で申し込みを行う販売形態である。よって、通信販売には、訪問販売で指摘されるような不意打ち性、攻撃性、密室性は存在しない。通信販売が店舗販売と異なる点は、消費者にとって、事業者との対面性がなく、実際に商品を手にとって選ぶ機会が

欠如していることである[130]。つまり、消費者の購入意思形成に際し、細かな素材の質感や、試着などができない。通信販売は、事業者の広告が唯一の情報源になっていることに特徴がある。

特定商取引法では、従来型の通信販売規制のほか、電子的な広告を行う場合の規制、および一方的に送付する迷惑メールに対する規制から成り立っている。なお、通信販売における禁止行為としては、広告の記載事項違反（同法11条）、誇大広告の禁止（同法12条）、電磁的広告の受信拒否者に対する再送信の禁止（同法12条の3）、前払い式通信販売の承諾の通知（同法13条）、指示に違反する行為（同法14条）、業務停止命令に違反する行為（同法15条）、通信販売協会会員詐称（同法31条）がある。

7.2 消費者から見たネットショッピングの特徴

第6章「ネットビジネス」では、事業者から見たネットビジネスの特徴を見てみたが、この節では、消費者から見たネットショッピングの固有の特徴を見てみよう。

(1) 誇大広告の問題

ネットショッピングでは、パソコンの画面上の表示が広告であり、消費者にとっては、その広告情報が唯一の情報源である。そのため、ネットショッピングは、悪質な事業者は、消費者に商品を買わせるため、誇大広告をしやすい環境にあるといえる。

(2) 信頼性確認の困難性

通信販売一般の対面性のなさに加えて、情報通信の匿名性から、取引相手の信頼性を確認することが難しい。商品が未着の場合、事業者に連絡しようとしても連絡がつかないことがある。とくに、事業者が悪質な場合には、詐欺的販売が起こりやすく、消費者にとって、事業者の信頼性の確認が難しい。

(3) 画面の解像度と広さの限界

パソコンの画面上の表示は、色彩、大きさ、形、触感、品質を、正確に表

現するには、解像度と広さの限界がある。そのため、消費者が想像していたものと違ったものが送られてくる可能性がある。

(4) 契約条件・約款の表示の限界

上記(3)と同様に、画面に契約条件や約款を表示しても、画面の広さに限界がある。こまかな契約条件を、画面上に無理に表示すると、必然的に文字のポイント数が小さくなり、また、複数の画面に表示されるために、非常にわかりにくいものとなる。

(5) クリックミスが起きやすい

人間の行為には、必ずミスがつきまとうが、クリックという行為が簡便であるために、クリックミスが起きやすくなる。また、上記(3)(4)にも関係するが、わかりにくさのため、錯誤や誤解を生じ、消費者が、誤ってクリックすることが起きやすい。

このように、ネットショッピングの利点は、消費者と事業者が離れた場所にいて、直接の対面取引をせずに、電子的に取引が成立するという利便性である。しかし、この利便性がリスクを生じさせている。このリスクをいかに回避するかが、ネットショッピングにおける消費者保護の争点となる。

7.3 広告規制

通信販売では、事業者が広告に表示した内容が、消費者の購入意思形成のための唯一の情報源であるので、広告には、消費者の購入意思形成のために必要な情報が十分に、また正確に表示されなければならない。そのため広告の記載事項を義務付け、また誇大広告を規制する必要がある。

この通信販売の広告は、広告の中に通信販売を行うと明確に表示された場合だけでなく、事業者が通信手段により申込みを受けて商品の販売を行うことを意図していると認められているものも含む。ただし、雑誌の中で商品を紹介している広告を消費者が見て、事業者に電話をかけて注文するような場合の広告は、通信販売の広告とはいえない。

特定商取引法および省令では、広告の記載事項を絶対的記載事項として、

次の5項目を掲げている（同法11条1項および省令8条）。これらは、必ず記載しなければならない項目である。

その5項目とは、① 商品もしくは権利の販売価格または役務の対価（販売価格に商品の送料が含まれていない場合には、販売価格および商品の送料）（同法11条1項1号）、② 商品もしくは権利の代金または役務の対価の支払いの時期および方法（同法11条1項2号）、③ 商品の引渡時期もしくは権利の移転時期または役務の提供時期（同法11条1項3号）、④ 商品の引渡しまたは権利の移転後におけるその引取りまたは返還についての特約に関する事項（その特約がない場合には、その旨）（同法11条1項4号）、⑤ 事業者の氏名または名称、住所、電話番号（同省令8条1項1号）、である。

また、ネットショッピングの電子広告には、この5項目以外に絶対的記載事項として、⑥ 事業者が法人である場合は代表者または通信販売に関する業務の責任者の氏名が必要である（同省令8条1項2号）。

特約がある場合のみ記載する任意的記載事項としては、① 申込み有効期限があるときはその期限（同省令8条1項3号）、② 代金および送料以外に必要な手数料等があるときはその内容および金額（同省令8条1項1号）、③ 瑕疵担保責任があるときはその内容（同省令8条1項5号）、④ ソフトウェアを記録した物の販売、またはソフトウェアをダウンロードさせる役務の提供について広告するときは、そのソフトウェアを利用するために必要な電子計算機の仕様および性能その他の必要な条件（同省令8条1項6号）、⑤ 販売数量の制限その他の特別な条件がある場合はその内容（同省令8条1項7号）、⑥ 広告の表示事項の一部を表示しない場合であって、同法11条但書の書面を請求した者に当該書面を係る金銭を負担させるときは、その額（同省令8条1項8号）、⑦ 電子メールにより広告するときは、事業者の電子メールアドレス（同省令8条1項9号）、⑧ 電子メールにより広告をするときは、受信者がメールにより広告の受け取りを希望しない旨を事業者に連絡するための方法（同法11条2項）、である。

上記⑥の同法11条但書では、「広告スペースに限りあるときは、電磁的

記録（電子メール等）を遅滞なく提供する旨を表示すれば、上記記載事項の一部を省略することができる。」と規定されている。その場合、同法11条1項但書の書面を請求した者に、当該書面に係る代金を負担させるときは、事業者は、その額を表示しなければならない。

その他広告の記載事項の一部を省略して、カタログを請求させる場合も同様であり、カタログ代や送料を表示しなければならない。なお、これら記載事項の省略はすべて許されるわけではなく、省略できるものとできないものがある。たとえば、申込み有効期限、販売数量等の特別の販売条件、請求により送付する書面の価格がある場合は、それらを省略することができない[131]。

省略事項がある場合は、事業者は、消費者の請求により、遅滞なく、① 法定事項を全部表示した書面を交付する、② 法定事項を全部表示した電子メール等の電磁的記録を提供する、③ 前記の書面と電磁的記録から消費者に選択させる、のうちいずれかの方法で省略事項を補う必要がある[132]。

電子広告を行った場合の電磁的な記録の送付方法は、① 電子メール（同省令10条3項1号）。② ホームページから消費者のパソコンにダウンロードさせる方法（同省令10条3項2号）。③ 携帯電話のように記憶メモリーが少ない場合、事業者のコンピュータの顧客専用領域に記録して、電気通信回線を利用して消費者が閲覧することができる方法（同省令10条3項3号）、の3種類に限られる。

また、これらについては条件があり、①と②の場合、閲覧はできるが印刷を阻止するプログラムが仕組まれていてはならない（同省令10条4項1号）。また、③の場合は、記録された広告記載事項は6ヶ月間消去または改変ができないようにされていなければならない（同省令10条4項2号）。

なお、法11条に違反した者は、業務停止命令の対象になる。経済産業省では、2001年から常時監視体制に入り、これらの違反者をモニタリングしている。また同省は、近時、増加しているネット通販のため、同省ホームページに「インターネットで通信販売を行う場合のルール」を掲載している[133]。また、日本広告審査機構（JARO）は広告の自主規制機関である

が、広告に関する消費者からの苦情や問い合わせをもとに広告を審査している[134]。

7.4 誇大広告の禁止

　同法は、誇大広告について、事業者が、広告をするときは、「商品の性能または権利もしくは役務の内容、返品特約その他の経済産業省令で定める事項について、著しく事実に相違する表示をし、実際のものよりも著しく優良であり、もしくは有利であると人を誤認させる表示をしてはならない。」と規定している（同法12条）。

　同条の中の「著しく」とは、何が著しいのかの具体的な判断は、個々の広告について判断されるべきものである。しかし、一般に、一般消費者が広告に書いてあることと事実の相違を知っていれば、契約締結をしなかっただろうと思われる場合は、これに該当すると考えられている。

　誇大広告が禁止されている具体例は、① 商品の性能、権利・役務の内容（同法12条）、② 返品特約（同法12条）、③ 商品の種類・性能・品質・効能、役務の種類・内容・効果、権利の種類・内容・権利に係る役務の効果（同省令11条1号）、④ 商品・権利・役務、事業者、事業者の営む事業についての国・地方公共団体・通信販売協会その他著名な法人その他の団体・著名な個人の関与（同省令11条2号）、⑤ 商品の原産地・製造地、商標・製造者名（同省令11条3号）、⑥ 本書101頁の広告の「絶対的記載事項」（同法11条1項各号に掲げる事項）、である。なお、これに違反した者は、100万円以下の罰金に処せられる（同法72条3号）。

　これらに違反した場合は、特定商取引法の誇大広告の規制だけでなく、「不当景品類及び不当表示防止法」（景品表示法）の不当表示にも該当することが多い（景品表示法4条）。景品表示法は、特定商取引法の広告規制と重複適用されることが多い。

　同法4条は、さらに具体的に、「事業者は、自己の供給する商品又は役務の取引について、次の各号に掲げる表示をしてはならない。」と規定し、①

商品又は役務の品質、規格その他の内容について、一般消費者に対し、実際のものよりも著しく優良であると示し、又は、事実に相違して当該事業者と競争関係にある他の事業者に係るものよりも著しく優良であると示すことにより、不当に顧客を誘引し、公正な競争を阻害するおそれがあると認められる表示、② 商品又は役務の価格その他の取引条件について、実際のもの又は当該事業者と競争関係にある他の事業者に係るものよりも取引の相手方に著しく有利であると一般消費者に誤認されるため、不当に顧客を誘引し、公正な競争を阻害するおそれがあると認められる表示、を掲げている。

薬品および食品に関しては、人の健康に重大な影響を与えるため、薬事法および健康増進法の規制を受ける。薬事法 68 条は、「何人も、医薬品又は医療用具であって、承認を受けていないものについて、その名称、製造方法、効能、効果又は性能に関する広告をしてはならない。」とし、未承認の医薬品（ニセ薬）の広告を禁止している。又、同法 66 条では、「何人も、医薬品、医薬部外品、化粧品又は医療機器の名称、製造方法、効能、効果又は性能に関して、明示的であると暗示的であるとを問わず、虚偽又は誇大な記事を広告し、記述し、又は流布してはならない（1 項）。医薬品、医薬部外品、化粧品又は医療機器の効能、効果又は性能について、医師その他の者がこれを保証したものと誤解されるおそれがある記事を広告し、記述し、又は流布することは、前項に該当するものとする（2 項）。」とし、医薬品、医薬部外品、医療用具、化粧品について、承認された効果を超える誇大広告を禁止している。

また、食品に関しては、健康増進法 32 条の 2 でも「何人も、食品として販売に供する物に関して広告その他の表示をするときは、健康の保持増進の効果その他厚生労働省令で定める事項について、著しく事実に相違する表示をし、又は著しく人を誤認させるような表示をしてはならない。」と規定している。

7.5 返品特約

　通信販売広告の限られたスペースでは十分な情報を掲載することは難しい。届いた物が、消費者が予想していたものとは異なっていたり、期待はずれであったりすることがある。このような場合、商品納品後に消費者が返品できる制度（クーリングオフ制度）があれば消費者は安心であるが、特定商取引法上の通信販売には、クーリングオフ制度は導入されていない[135]。
　クーリングオフ制度とは、商品に瑕疵がなくても、消費者が一定期間内において一切の不利益を受けることなく、自ら行った申込みを撤回し、またはすでに締結した契約を解除できる制度である。
　クーリングオフ制度の存在意義は大きく分けて2点ある。ひとつは、販売方法が不意打ち的、攻撃的であり、契約意思が十分に固まらないままで申込みをしがちであることから、冷静に考え直す熟慮期間を与えるという意義である。2つめは、詐欺や強迫まがいの不公正な勧誘が行われ、また消費者の錯誤につけこんだ勧誘が行われても、これらを立証することが困難であることに鑑み、一定期間に限って無条件の法定撤回権・解除権を与えるという意義である[136]。
　通信販売には、クーリングオフ制度は導入されていないが、通信販売に関する通達は、広告中に返品特約の有無、返品特約がある場合はその内容を明示することを義務付けている[137]。また、通信販売業界の団体である「日本通信販売協会」（JADMA）[138]では、自主的にクーリングオフ制度を取り入れている。よって、日本通信販売協会会員は、各会員ごとに、独自のクーリングオフ制度を導入している。
　ネットショッピングにおけるクーリングオフ制度の必要性は、アメリカでも指摘されている[139]。すでに EU では、通信販売指令（1997年）[140]によって、通信販売にクーリングオフを導入し（6条1項）、EU 諸国は国内法制化を終えている。

7.6　クレジット販売

　消費者から商品の引渡し、権利の移転、役務の提供に先立って、これらの代金・対価の全部または一部を受領する通信販売の形態を、前払式通信販売という。事業者は、前払式通信販売を行う場合で、申込みを受け、かつ代金を受領したときは、遅滞なく、申込みを承諾するか否かを書面により通知しなければならない（特定商取引法 13 条 1 項）。ただし、遅滞なく商品を送付、権利を移転、役務を提供したときを除く。また、2001 年から施行された書面一括法により、事業者は、前払式通信販売を行う場合の承諾等の通知について、書面による通知に代えて、申込者の承諾を得て、電磁的方法で提供することができる。

　この場合、事業者が前払式通信販売の承諾通知を電磁的方法で代替するためには、① 予め申込者に、② 電磁的方法の種類および内容を示して、③ 書面又は電磁的方法による承諾を得ることが要件とされている。また口頭での承諾は認められておらず、消費者の意思が個別に表示される必要があるので、利用規約等の条項に含めて包括的な承諾を取ることも認められていない。

　通信販売でクレジット決済を行う場合、商品引渡しの前にクレジットカードにより支払代金の一部または全部が決済される。同法 13 条の趣旨は、前払式通信販売において購入者が商品受領前に代金の全部又は一部を支払ってしまうため、不安定な立場に置かれることを保護するものであるので、クレジットカードが利用される場合においても本条を準用することになる。

7.7　消費者契約法

　2006（平成 18）年に改正された消費者契約法では、「消費者は、事業者が消費者契約の締結について勧誘をするに際し、当該消費者に対して次の各号に掲げる行為をしたことにより当該各号に定める誤認をし、それによって当

該消費者契約の申込み又はその承諾の意思表示をしたときは、これを取り消すことができる。」と規定している（同法4条1項）。

同条文中の「次の各号」とは、① 重要事項について事実と異なることを告げることによって、消費者が、当該告げられた内容が事実であるとの誤認をしたとき、② 物品、権利、役務その他の当該消費者契約の目的となるものに関し、将来におけるその価額、将来において当該消費者が受け取るべき金額その他の将来における変動が不確実な事項につき断定的判断を提供することにより、消費者が、当該提供された断定的判断の内容が確実であるとの誤認をしたとき、の2つである。これらに該当するときは、ネットショッピングでも、購入の意思表示を取り消すことができる。

また、同法4条2項では、「消費者は、事業者が消費者契約の締結について勧誘をするに際し、当該消費者に対してある重要事項又は当該重要事項に関連する事項について当該消費者の利益となる旨を告げ、かつ、当該重要事項について当該消費者の不利益となる事実（当該告知により当該事実が存在しないと消費者が通常考えるべきものに限る。）を故意に告げなかったことにより、当該事実が存在しないとの誤認をし、それによって当該消費者契約の申込み又はその承諾の意思表示をしたときは、これを取り消すことができる。」と規定している。

なお、同法では、事業者の損害賠償の責任を免除する条項の無効（同法8条）や、消費者が支払う損害賠償の額を予定する条項等の無効（同法9条）、消費者の利益を一方的に害する条項の無効（同法10条）についても規定しており、ネットショッピングについても適用される。

7.8　ネットオークション

ネットオークションとは、出品者（売主）がオークション事業者のシステムに商品情報を掲示し、これを見た入札者がオークション事業者に価格を送信して競り上げ、終了時刻の最高額入札者が落札者（買主）となって、物品を購入する仕組みである。このネットオークションは、一般に、出品者が事

業者ではなく個人であるため、消費者間売買（C2C）となり、特定商取引法は適用されない。しかし、個人資格でオークションサイトに登録している者でも、反復継続して売買し事業所得を得ている者も多い。このような場合には、たとえ個人資格で登録しても、事業者とみなされ、特定商取引法や消費者契約法が適用されると考えられている。

なお、インターネット・オークション業者は、古物営業法により、古物競りあっせん業者と定義されている。同法21条の2では、「古物競りあつせん業者は、古物の売却をしようとする者からのあつせんの申込みを受けようとするときは、その相手方の真偽を確認するための措置をとるよう努めなければならない。」とし、出品者の真偽確認を義務付けている。

また、同法21条の3では、「古物競りあつせん業者は、あつせんの相手方が売却しようとする古物について、盗品等の疑いがあると認めるときは、直ちに、警察官にその旨を申告しなければならない。」と規定し、盗品出品時の競り中止命令の規制を受ける。

ネットオークションのトラブルで一番多いのが、物品を落札して現金を振り込んだのに商品が届けられないケースである。この場合、基本的に、オークションサイト事業者は、売買契約の当事者ではないので、落札者（買主）は、オークションサイト運営者に賠償を求めることはできない。そのため、落札者（買主）は、出品者（売主）に対して、契約を解除すると通知して返金を求めるか、訴訟を提起することになる。しかし、出品者（売主）が、行方をくらましてしまえば、解決は難しくなる。

このようなトラブルを避けるため、エスクローサービスを利用することが考えられる。エスクローサービスとは、第三者機関が売主と買主の契約履行を仲介するシステムである。相手が債務を履行しない限り、その相手からの履行請求を拒めるという、民法533条の同時履行の抗弁権を具現化する制度である。大手Yahooオークションも、このエスクローサービスの利用をすすめている。

また、ネットオークションで「ノークレーム・ノーリターンでお願いします。」という表示が見られるが、これは、売主は、瑕疵担保責任を負わない

という意味である。しかし、このような免責特約を結んだとしても、仮に売主がその商品に含まれる瑕疵について知っていながら、買主に伝えなかった場合にまで免責を認めるものではない（民法572条）。なお、出品者が事業者である場合には、消費者契約法の規制対象となる。

近時、国や地方公共団体の強制競売手続きにオークションサイトが利用されている場合があるが、行政手続きの一環であり、国税徴収法および国税通則法をはじめとする行政手続きに関係する法律が適用され、通常のネットオークションとは異なる。

7.9 オンライントラストマーク制度

オンライントラストマーク制度とは、消費者向け電子商取引を行う事業者からの申請により、特定の認定機関が、所定の基準に基づいて、事業者の審査を行い、適正と認めた場合に、事業者に「オンライントラストマーク」を付与する制度である[141]。「オンライントラストマーク」付与の対象は、日本国内に事業拠点を持ち、1年以上の活動暦のある事業者である。2000年5月に日本通信販売協会と日本商工会議所（全国各地の商工会議所）がこのマーク制度の運営を開始した。

「オンライントラストマーク」を付与された事業者は、第三者である認定機関から一定の運営基準をみたす適正な事業者として認められたことになり、申請したサイト上の消費者に見やすい位置に「オンライントラストマーク」を表示することができる。これにより、消費者は安心してネット通販を利用するためのひとつの判断材料が提供された。

「オンライントラストマーク」の認定の範囲は、① 事業者の実在の確認（商業登記簿、住民票）、② 申請サイト上の特定商取引法による広告表示義務事項の表示、③ 広告表現に関する特定商取引および消費者契約法の遵守、に限定される。よって、このマークは、事業者が販売する商品・サービス等の品質や内容、消費者と事業者の売買契約内容、事業者の経営内容を保証するものではない。消費者は、オンライントラストマークの持つ正しい意味を

理解する必要があろう。

7.10　迷惑メールに関する消費者保護

　迷惑（スパム）メールとは、受信者が求めも承諾もしていないのに、事業者が電子メールにより受信者のパソコンまたは携帯電話に対して、一方的に商業広告を送りつける行為である。

　迷惑メールは、出会い系サイトやアダルトサイトを広告とするものが多いが、これらは、特定商取引法上の指定役務に該当する。これらの電子メールのアドレスに返信すると、後日、利用の有無にかかわらず高額な利用料金を請求されるトラブルに巻き込まれる可能性がある。また、これらのサイトへの返信は、不正に多額の金額の請求を受けるだけでなく、これらのサイトの利用に起因する、誘拐、監禁、殺人に至る刑事事件も起きている。携帯電話の「ワン切り」も類似したものである。「ワン切り」とは、電話してきた者に電話をかけ直すと、主に、アダルトサイトに電話がかかり、法外な金額を請求されるものである。

　このように、携帯電話からのインターネット接続の普及に伴い、電子メールによる一方的な商業広告の送付、すなわち、迷惑メールが社会問題化し、「特定電子メールの送信の適正化等に関する法律（特定電子メール法）」が、2002（平成14）年に成立し、同年7月から施行された。また、2005（平成17）年には、「特定電子メールの送信の適正化等に関する法律の一部を改正する法律」（平成17年法律第46号）が成立し改正された。

　特定電子メール法は、「特定電子メール」を、「① あらかじめ、その送信をするように求める旨又は送信をすることに同意する旨をその送信者に対し通知した者（当該通知の後、その送信をしないように求める旨を当該送信者に対し通知した者を除く）、② その広告又は宣伝に係る営業を営む者と取引関係にある者、③ その他政令で定める者、以外の者に対し、電子メールの送信をする者（営利を目的とする団体及び営業を営む場合における個人に限る）が自己又は他人の営業につき広告又は宣伝を行うための手段として送信

をする電子メールをいう。」と規定している（同法2条2項）。

　また、同法は、特定電子メールの送信の適正化のための措置として、表示義務（同法3条）、拒否者に対する送信の禁止（同法4条）、架空電子メールアドレスによる送信の禁止（同法5条）、送信者情報を偽った送信の禁止（同法6条）を規定している。

　一般に、迷惑メールの規制の方法には、オプトイン規制とオプトアウト規制がある。オプトイン規制とは、消費者の請求または承諾がない限り、電子メールによる商業広告の送信を禁止する方法で、EUでは、「個人情報の処理と電子通信部門におけるプライバシーの保護に関する指令」でオプトイン規制を採用した。

　一方、オプトアウト規制とは、消費者が電子メールによる広告の受け取りを希望しない旨の連絡方法を義務付け、かつ受信拒否の意思表示がなされた場合には、電子メールによる商業広告の送信を禁止する方法である。わが国の、特定商取引法および特定電子メール法は、オプトアウト規制を採用している。

注
(129) 圓山茂夫『詳解特定取引法の理論と実務』（民事法研究会、2004年）255頁。
(130) 圓山・前掲注（129）221～222頁。
(131) 圓山・前掲注（129）239頁（「通信販売広告の省略基準一覧表」参照）。
(132) 圓山・前掲注（129）260頁。
(133) 経済産業省ホームページ（http://www.meti.go.jp/）（2006年12月4日アクセス）。
(134) 日本広告審査機構ホームページ（http://www.jaro.or.jp/）（2006年12月4日アクセス）。
(135) 通信販売以外の訪問販売、電話勧誘販売などにはクーリングオフが導入されている。
(136) 松本恒雄「教材販売とクーリングオフの口頭行使」別冊ジュリ135号消費者取引百選（1995年）4頁。
(137) 特定商取引に関する法律等について（通達）2章3節1(3)（2000年）。
(138) ㈳日本通信販売協会ホームページ（http://www.jadma.org/）（2006年12月4日アクセス）。
(139) C.W.Pappas, Jurisdiction, *Electronic Contracts, Electronic Signature and Taxation*, 31 Denv.J.Int'l L.&Pol'y 325,2002[LEXIS].
(140) Directive97/7/EC（http://europa.int/comm/consumers/policy）（2006年12月4日アクセス）。
(141) 次世代電子商取引委員会（ECOM）（http://www.ecom.or.jp/onlinemark/）（2006年12月4日アクセス）。

第8章

サイバー犯罪

《本章のねらい》

　最近、スパイウェアの事件が大きく取り上げられている。スパイウェアとは、利用者や管理者の意図に反してインストールされ、利用者の個人情報やアクセス履歴の情報を収集するプログラムである。スパイウェアが恐れられているのは、ネット銀行やネット証券のパスワードを盗んで、大きな犯罪が行われる危険があるからである。

　このほかにも、不正アクセスをはじめとして、コンピュータウイルス、ワーム、フィッシング、ファーミングを使ったコンピュータ犯罪が後をたたない。これらは、直ちに刑法上の犯罪が成立するものではないかもしれないが、コンピュータ利用者に対する迷惑行為であり、システムの利便性を傷つけて公的な不利益をもたらす。

　この章では、これらのサイバー犯罪について考えてみよう。

8.1 サイバー犯罪

2003年3月、キーロガー（key logger）を使って、他人のインターネット上の取引情報を盗み出し、それを悪用した者が逮捕された。キーロガーとは、インターネットカフェのパソコンに、ユーザのキー情報を記録するプログラムを仕込み、ユーザの取引情報を盗むソフトウェアである。犯人は、不正に入手した他人のネットバンキングのIDとパスワードを、キーロガーを使って盗み出し、他人の口座にアクセスして、架空名義の銀行口座に1,600万円を振り込ませた。このように、インターネットカフェのパソコンから、インターネットバンクにアクセスしただけで、その取引情報が盗まれ、大きな被害に会う可能性がある。

また、最近では無線LANを使用する人が増えてきたが、無線LANのアクセスポイントを探し、これを使用して不正に他人のパソコンに入り込むことが横行している。アクセスポイントを探すには、無線LANの電波を検知するようにセットしたコンピュータを自動車に載せて、無線LANのアクセスポイントを探し回るというウォードライビング（war driving）という方法が使われている。とくに、暗号のかけられていないものや、パスワードなしで侵入できるものは、不正アクセスが行われやすい。最近では、もっと手の込んだインターネットに関する犯罪が増えてきている。

インターネットに関する犯罪を総称して、一般にサイバー犯罪と呼んでいる。警察庁サイバー犯罪対策（Cybercrime Project）の統計では、平成18年度上半期のサイバー犯罪（情報技術を利用する犯罪）の検挙件数は1,802件で、前年同期（1,612件）と比べて190件、約12％増加した。とくに、不正アクセス禁止法違反が、256件で前年同期に対し34％増加し、平成16年1年間の検挙件数を上回る勢いであった。また、ネットワーク利用犯罪では、詐欺が733件で全体の約4割を占め、前年同期より9％増加した。このうち86％がインターネット・オークションを利用したものである。児童ポルノ事案は169件で、前年同期より18％増加した[142]。

しかし、都道府県警察のサイバー犯罪相談窓口等が受理した相談受理件数は、30,565件で、前年同期（50,479件）と比べて約40%減少した。その内容は、詐欺、悪質商法に関する相談が約64%減少したが、名誉毀損・誹謗中傷の相談が39%増加した。

不正アクセス、ウイルスに関する相談は約21%増加し、なかでもオンラインゲームや、オークションでの不正アクセスに関する相談が多かった。このように、ハイテクおよびインターネット関連の犯罪は、その利用者が増えるとともに増加の一途をたどる傾向にある。

一般に、ハイテク犯罪といわれるものは、「コンピュータ、電磁的記録対象犯罪」と「ネットワーク利用犯罪」に分けられる。前者は、具体的には「電子計算機損壊等業務妨害罪」（刑法234条の2）、「電磁的記録不正作出罪」（同法161条の2）、および「電子計算機使用詐欺罪」（同法246条の2）である。これらは、コンピュータの持ち主や管理者ではない第三者が、不正に、コンピュータに記録されているデータの書き換えや消去をしたり、データを持ち出したり、詐欺を行う犯罪行為である。

一方、後者は、コンピュータ・ネットワークを悪用する「わいせつ物公然陳列罪」（刑法175条）、「詐欺罪」（刑法246条）、「名誉毀損罪」（刑法230条）、「著作権法」、「不正アクセス行為の禁止等に関する法律」（不正アクセス禁止法）、「児童買春ポルノ禁止法」の違法行為である[143]。

このような状況のなか、警察庁は、平成12年2月に「警察庁情報セキュリティ政策大系」を策定し、情報セキュリティ対策に取り組んできた。また、平成17年には「警察庁情報セキュリティ重点施策プログラム―2005」を策定し、サイバー空間に対しても、世界一安全な国をめざしている[144]。

8.2 サイバー犯罪の特徴

この節では、典型的なサイバー犯罪の特徴を見てみよう。

(1) 不正アクセス（ハッキング）

サイバー犯罪のなかでも典型的なものが、他人のコンピュータへの不正ア

クセスである。セキュリティ・ホールをついて、コンピュータに侵入するハッカーが後を絶たない。厳密に言えば、もともと「ハッカー」には悪い意味はなく、むしろコンピュータに関する高い技術を持った人たちを尊敬の念をこめて呼ぶ名前であった。これに対して、悪意を持ってコンピュータに侵入する者は「クラッカー」と呼ぶ。これらの者の他人のコンピュータに対する不正アクセスは、サイバー犯罪の典型である。

(2) **コンピュータウイルス**

ハッキングよりもたちが悪いのが、コンピュータウイルス（Computer Virus）である。この被害は、2000年頃から急激に増え、毎年20,000件の被害届けが出されている。被害件数だけでなく、ウイルスそのものが巧妙化かつ凶悪化している。たとえば、2002年には、セキュリティ・ホール悪用型ウイルスのW32/Klezの亜種が猛威を振るった。また日本語の件名を扱うW32/Fboundが出現した。2003年には、W32/MSBlaster、W32/Welchia、2004年にはW32/Netskyが出現したが、2006年時点でも依然として最も多くの被害届出が寄せられている。

(3) **スパイウェア**

スパイウェアは、利用者や管理者の意図に反してインストールされ、利用者の個人情報やアクセス履歴の情報を収集するプログラムである。スパイウェアは、インターネットのブラウザ履歴やクッキーから、どんなサイトに行きどんな趣向を好むのかを調査し、本人が知らない間にネットの特定の場所に送る。最近では、これを悪用するケースが増えてきている。

(4) **フィッシング**

フィッシング（phishing）とは、実在の金融機関からのメールを装い、本物そっくりの入力画面を表示したり、偽のWebサイトにユーザを導いたりして、パスワードやクレジットカード番号をユーザに入力させようとするものである。これにより、金融機関から多額の金額を、不正に引き落としたり、他の架空口座に振り込ませる犯罪が頻繁している。

(5) **ファーミング**

ファーミング（pharming）とは、ユーザが正しいURLを入力しても、自

動的に偽のサイトに誘導して個人情報を詐取する行為である。ユーザが、正しい URL でホームページを閲覧していても、プロバイダが管理する DNS サーバ [145] の情報を、不正に書き換えたり、ウイルスやワームを使って個人のパソコンに保存されているファイルを、改ざんする手口で偽サイトへ誘導するものである。

(6) スパムメール

スパムメールとは、公開されているウェブサイトから手に入れた電子メールアドレスに向けて、営利目的の電子メールを無差別に大量配信するメールのことである。このようなインターネットを利用した迷惑メールや、不要なダイレクトメール全般を指す。ごみという意味で、ジャンクメール、バルクメールと呼ぶこともある。ウイルスほどたちは悪くないが、頻繁に送付されるので、非常に迷惑なものである。

8.3 煽動的表現

インターネット上で、破壊活動のような違法な行為を煽動した場合についての法的な規制を説明しておこう。インターネット上での違法な煽動的表現を、直接規制する法律は現在のところない。しかし、いくつかの法律によって規制されている。

たとえば、刑法 77 条 1 項では、「国の統治機構を破壊し、又はその領土において国権を排除して権力を行使し、その他憲法の定める統治の基本秩序を壊乱することを目的として暴動をした者は、内乱の罪とし、次の区分に従って処断する。」と規定している。また、破壊活動防止法（破防法）38 条は、これを受けて、「罪の教唆をなし、またはこれらの罪を実行させる目的をもってその罪のせん動をなした者は、7 年以下の懲役又は禁こに処する。」と規定している。

インターネットを用いて、違法な煽動を行った場合にも、これら刑法 77 条 1 項や破壊活動防止法 38 条が適用されることになろう。ただし、電波法 107 条では、政府を暴力で破壊することを主張する通信を発した者に刑罰を

科し、また放送法3条の2第1項1号で公安を害する表現を禁止しているが、インターネットは電波法による放送ではないので、この規定は適用されないことになる。しかし、最高裁判決では、これら違法な行為の煽動は危険であるので、その処罰は公共の福祉に合致するとして処罰の合憲性を支持している(146)。

8.4 サイバー犯罪を規制する刑法

　サイバー犯罪に関連する刑法上の罪で典型的なものは、詐欺罪（刑法246条）、電子計算機使用詐欺罪（同法246条の2）、恐喝罪（同法249条）、横領罪（同法252条）、名誉毀損罪（同法230条）、業務妨害罪（同法233条）、脅迫罪（同法222条）、猥褻文書等頒布罪（同法175条）、侮辱罪（同法231条）であろう。とくに、インターネット取引では、「カネを払ったのにモノが届かない。」、「モノを送ったのにカネが支払われない。」といったトラブルがおきやすい。

　刑法246条（詐欺罪）では、「① 人を欺いて財物を交付させた者は、10年以下の懲役に処する、② 前項の方法により、財産上不法の利益を得、又は他人にこれを得させた者も、同項と同様とする。」と規定している。

　続く同法246条の2（電子計算機使用詐欺罪）では、「前条に規定するもののほか、人の事務処理に使用する電子計算機に虚偽の情報若しくは不正な指令を与えて財産権の得喪若しくは変更に係る不実の電磁的記録を作り、又は財産権の得喪若しくは変更に係る虚偽の電磁的記録を人の事務処理の用に供して、財産上不法の利益を得、又は他人にこれを得させた者は、10年以下の懲役に処する。」と規定している。このほかに、2001年のサイバー犯罪に関する条約に基づき、多くの法律が改正または新たに制定され、少しずつではあるが、サイバー犯罪に対して法整備がなされてきた。

8.5 不正アクセス

　典型的なサイバー犯罪である「不正アクセス」については、平成12年2月13日から「不正アクセス行為の禁止等に関する法律」（不正アクセス禁止法）が施行された。同法は、不正アクセス行為や不正アクセス行為を助長する行為を禁止し、違反者は処罰されることを規定している。不正アクセス行為とは、他人のユーザIDやパスワードを無断で使用する行為（なりすまし）や、セキュリティ・ホール（security hole：OSやアプリケーションソフトに存在するセキュリティ上の弱点）を攻撃してコンピュータに侵入する行為である。

　また、不正アクセス行為を助長する行為とは、他人のユーザIDやパスワードを、無断で第三者に提供する行為である。つまり、これらの情報を購入した第三者が、他人のユーザIDやパスワードを使って、本来自分が利用する権限を持っていないコンピュータを不正に使用したり、また、セキュリティ・ホールを攻撃してコンピュータを不正利用したり、保存されているデータやプログラムを改ざんしたり、コンピュータを利用不能な状態に追い込んだりする行為である。

　同法3条1項では、「何人も、不正アクセス行為をしてはならない。」とし、2項で不正アクセスを、次のように詳しく定義している。

(1) アクセス制御がなされているネットワーク・コンピュータに他人のID・パスワードの識別符号を入力して、そのネットワークにログインする行為（ただし、そのアクセス制御システムを構築したアクセス管理者が行うそのようなアクセス、またアクセス管理者やそのIDの所有者である他人の承諾を得て行うアクセスは、不正アクセスではない）（1号）。

(2) アクセス制御がなされているネットワーク・コンピュータに、ネットワークを通じて識別符号以外のデータやコマンドを入力し、そのアクセス制御をかいくぐって侵入する行為（ただし、そのアクセス制御システテ

ムを構築したアクセス管理者が行うもの、またアクセス管理者の承諾を得て行う行為は不正アクセスではない。(3)も同じ）（2号）。
(3) ネットワークに接続された特定のコンピュータのアクセス制御によって、他のネットワーク・コンピュータの利用が制限されている場合、そのアクセス制御を行うコンピュータにネットワークを通じてその制限を免れるためのデータやコマンドを入力して、そのネットワーク・コンピュータを利用できるような状態にする行為（3号）。

　また、同法4条では、不正アクセス行為を助長する行為の禁止を、「何人も、アクセス制御機能に係る他人の識別符号を、その識別符号がどの特定電子計算機の特定利用に係るものであるかを明らかにして、又はこれを知っている者の求めに応じて、当該アクセス制御機能に係るアクセス管理者及び当該識別符号に係る利用権者以外の者に提供してはならない。ただし、当該アクセス管理者がする場合又は当該アクセス管理者若しくは当該利用権者の承諾を得てする場合は、この限りでない。」と定義している。

　不正アクセスの被害にあわないためには、インターネットを利用する際にユーザIDとパスワードを厳重に管理することが最も重要である。また、他人にこれらを教えたり、推測されやすいパスワードを設定したりしてはいけない。

　もし、不正アクセス行為の被害にあった場合は、以下の手順で対応する[147]。また、原因を究明して再発防止のために、作業の経過を記録しておくことが重要である。

(1) 被害の拡大を防ぐために、被害を受けたサーバコンピュータを物理的にネットワークから切り離す。その後、サービスや業務の稼働状況を考慮のうえ、できるだけ現状を保持するようシャットダウン、リブート（再起動）、バックアップデータによる復旧作業は行わない。
(2) 被害発生前後及びそれ以前のログやファイルの適切な保存をする。また、ログの解析により、侵入の手口、侵入経路等に関する情報を入手できる場合が多いので、可能な限り事後調査に必要な情報の保全に努める。

(3) 所在地を管轄する警察署、またはハイテク犯罪対策総合センターハイテク犯罪相談窓口へ通報する。通報後は、捜査員の指示に従う。また、万一、早急に復旧の必要性がある場合は、ハードディスクを取り外してデータの保存を行い、別のハードディスクを用いてバックアップデータにより復旧する。ただし、バックアップデータにバックドア（不正侵入の際の裏口）が仕掛けられていないことが大前提である。

不正アクセス禁止法が施行されたのは平成12年2月であるが、早くも同年7月には同法が適用された[148]。この事件で、千葉地裁は、他人のID及びパスワードを冒用して、インターネット接続プロバイダのサービスを利用した行為につき、不正アクセス禁止法違反の成立を認めた。

また、平成14年にも、不正アクセス禁止法違反の事件が起きた。被告は、インターネットで知り合った女性（原告）を困らせるため、同女にわいせつなメールが送信されるよう仕向けた。その後、原告が、わいせつなメールを受信したかどうかを確認しようと考えた。そして、サービス運営会社が設置したアクセス制御機能を有する特定電子計算機サーバに、電気通信回線を通じて、原告のユーザID・パスワードを入力し、不正アクセス行為を企てた[149]。高松地裁は、こうした行為は、不正アクセス禁止法違反に該当すると判示した。また、この事件では、認証サーバに保管中の会員宛の電子メールの内容を知得した行為が、電気通信事業法違反に該当するとされた。

8.6 コンピュータウイルス

コンピュータウイルスとは、他人のコンピュータに勝手に入り込んで、画面表示を破壊したり、意味不明な文字列を表示したり、また、ディスクに保存されているファイルを破壊したりするプログラムを総称する。ウイルスは、インターネットからダウンロードしたファイルや、他人から借りたフロッピーディスクを通じて感染する。最近では、電子メールを介して感染するタイプのウイルス（ワーム（worm））も多く出回っている。

他人のコンピュータに送り込んだウイルスが、どのような悪さをするかに

もよるが、ウイルスを他人のコンピュータに送り込む行為は、電子計算機損壊等業務妨害罪（刑法234条の2）に該当する可能性が高い。同法234条2は、「人の業務に使用する電子計算機若しくはその用に供する電磁的記録を損壊し、若しくは人の業務に使用する電子計算機に虚偽の情報若しくは不正な指令を与え、又はその他の方法により、電子計算機に使用目的に沿うべき動作をさせず、又は使用目的に反する動作をさせて、人の業務を妨害した者は、5年以下の懲役又は100万円以下の罰金に処する。」と規定している。

ウイルスの多くは、使用者が知らないうちに感染する。またウイルスに感染したことに気づかずにコンピュータを使用し続けると、他人のコンピュータにウイルスを移す危険性もある。なお、1990年4月から2006年9月までに届けられたコンピュータ被害件数は、約26万件であり、そのウイルスの種類は数千にも及ぶ[150]。2005年から2006年にかけて確認された新種ウイルスは、「W32/Mytobの亜種」、「W32/Zotob」、「W32/IRCbot」、「W32/Bobax新亜種」、「W32/Soberの亜種」、「W32/Antinnyの亜種」がある。

また、ワームは、自己増殖を繰り返しながら破壊活動を行うプログラムである。近時、電子メールを介して爆発的な速度で自己増殖するものが出現した。なお、ワームをウイルスの一種とする場合もあるが、他のプログラムに寄生するわけではなく単独で活動する点や、スクリプト言語やマクロのような簡易的な技術で作成される点で、狭義のコンピュータウイルスとは異なる。作成が容易であることから亜種の登場も早く、その種類は急増している。代表的なワームとしては「LOVE LETTER」や「Happy99」がある[151]。

ウイルスが発見されたら、速やかに適切な対処をし、再び感染しないように努めるべきである。ウイルスチェックソフトにより定期的にチェックする必要がある。ウイルスチェックソフトによりウイルスを発見した場合でも、通常は、そのソフトを利用して駆除することができる。このようなウイルス除去プログラムを、一般にワクチンと呼ぶ。

ウイルスによっては、感染したときにファイルやディスクを破壊することがある。その場合には、ワクチンでは元通りに修復できない。このような場合、ほとんどのワクチンは、感染したファイルをそのまま削除する仕様に

8.6 コンピュータウイルス

なっている。ウイルスに感染したファイルを、そのまま削除することには抵抗がある。しかし、被害が他に広がる前に削除しなければならない。

また、ウイルスの駆除だけでなく、再び感染しないためにも、感染被害の範囲の特定と感染元を調査しなければならない。通常利用しているパソコンだけでなく、他のパソコン、ファイルサーバ、持ち込まれたディスク、メールの添付ファイル、ダウンロードファイルをチェックしていくことで、感染被害の範囲と感染元をつきとめることができる。いったん感染元がわかった場合には、再び感染することを防止するためにも感染元の管理者に連絡する。その管理者も、連絡を受けてはじめてウイルスに感染していたことに気づくということも多い。最近では、ボット（BOT）の被害が著しい。

経済産業省の「コンピュータウイルス対策基準」[152]では、コンピュータウイルス被害を受けた場合は情報処理推進機構（Information-Technology Promotion Agency, Japan/IPA）に届け出ることとされている。被害の拡大と再発防止のため、届出方法は情報処理推進機構（IPA）のホームページを参照するか、もしくは直接、相談電話窓口（コンピュータウイルス110番）に問い合わせるのがよいであろう[153]。

2004年7月7日に、経済産業省が「ソフトウェア等脆弱性関連情報取扱基準」[154]を公示し、脆弱性関連情報の届出の受付機関として情報処理推進機構（IPA）、脆弱性関連情報に関して製品開発者への連絡および公表に係る調整機関としてJPCERTコーディネーションセンター（JPCERT/CC）が指定された。これを受け、情報処理推進機構（IPA）では、ソフトウェア製品およびウェブアプリケーションの脆弱性に関する情報の届出の受付けを開始した[155]。

ここでいう脆弱性とは、ソフトウェア製品やウェブアプリケーションにおけるセキュリティ上の問題箇所のことである。コンピュータ不正アクセスやコンピュータウイルスにより、この問題の箇所が攻撃されることで、そのソフトウェア製品やウェブアプリケーションの本来の機能や性能を損なう原因となり得るものをいう。

8.7 スパイウェア

近時、スパイウェアの被害が急増している。スパイウェアとは、利用者や管理者の意図に反してインストールされ、利用者の個人情報やアクセス履歴の情報を収集するプログラムである。広義では、パソコンを使うユーザの行動や個人情報を収集したり、マイクロプロセッサの空き時間を借用して計算を行ったりするアプリケーションソフトのことである[156]。なお、ウイルスと異なり、スパイウェアには自己増殖機能はない。

スパイウェアの多くは、ユーザに利便性があるかに装ってユーザ自身にダウンロードさせたり、特定のウェブサイトを閲覧すると自動的にインストールされる。また、電子メールによって、直接ユーザに送りつけられるものもある。また、他のアプリケーションソフトとセットで配布され、インストール時には、そのソフトと一括して利用条件の承諾を求められることがある。スパイウェアが行う活動の内容は、インストール時に表示される利用条件の中に書かれているため、その利用条件を、ユーザはよく読まずに承諾してしまっていることが多い。このため、多くのユーザはスパイウェアに気づかず、スパイウェアごとソフトをインストールしてしまうことになる。スパイウェアはユーザに気づかれないよう、ウィンドウを出さずにバックグラウンドで動作するため、ユーザはスパイウェアがインストールされていることに気づきにくい。このため、スパイウェアは、事実上、無断で個人情報を収集していることになる。

本来、スパイウェアは、インターネットのブラウザ履歴やクッキーから、どんなサイトに行きどんな趣向を好むのかを調査し、本人が知らぬ間にネットの特定の場所に送ることを目的とする。そして、その情報は、企業のマーケティングに利用される。よって、スパイウェアの活動は、直ちに違法であると断定できるものではない。

スパイウェアが恐れられているのは、単なる企業のマーケティング情報の収集だけでなく、それを悪用して、ネットバンキングやネット証券のユーザ

IDやパスワードを盗むことがあるからである。犯罪者は、これらの情報を利用して、本人になりすまし、不正に金融機関から現金を引き出したり、架空口座に振り込ませたりする。このような場合、刑法の詐欺罪のほかに、電子計算機使用詐欺罪（刑法246条の2）に該当する可能性が高い。同法246条の2は、「前条（刑法246条）（詐欺罪）に規定するもののほか、人の事務処理に使用する電子計算機に虚偽の情報若しくは不正な指令を与えて財産権の得喪若しくは変更に係る不実の電磁的記録を作り、又は財産権の得喪若しくは変更に係る虚偽の電磁的記録を人の事務処理の用に供して、財産上不法の利益を得、又は他人にこれを得させた者は、10年以下の懲役に処する。」と規定している。

このように、ネットバンキングやネット証券のユーザのように、インターネット上で重要な情報を扱っている者は、悪質なスパイウェアによるパスワードの漏洩を防ぐために、スパイウェアのチェックを定期的に行う必要がある。このため、スパイウェアを除去するソフトウェアが提供されている。しかし、スパイウェアを除去するはずのソフトウェアが、実は、二重スパイであることがある。つまり、スパイウェア除去ソフトが、スパイウェアであることがある。

この問題に対し、アメリカでは、ユーザが中心になって、有害ファイルをインストールして消費者を食い物にしているとされるスパイウェア除去プログラムに関する報告を公開した。また、ジョン・エドワード上院議員や、アメリカの公益団体である The Center for Democracy & Technology（CDT）が中心になって、悪質なスパイウェア除去プログラムに関する規制を呼びかけている[157]。

8.8　フィッシング・ファーミング

フィッシング（Phishing）とは、銀行等企業からのメールを装い、電子メールの受信者に実在する企業の偽ホームページにアクセスさせて、そのページにおいてクレジットカード番号やユーザIDやパスワードを入力させ、

不正に個人情報を入手しようとする行為をいう。その情報を元に金銭をだまし取られる被害が世界中で広まっている。

その語源は、ユーザを「釣る」という意味では「fishing」だが、ユーザを釣るための「えさ」（電子メール）が「sophisticated」（手の込んだ、洗練）なため「phishing」と造語された。「えさ」となるのは、特定企業から届いたように見せかけた電子メールであり、送信者名をその企業の名前にし、本文には「下記のURLにアクセスして個人情報を入力しないと、あなたのアカウントは失効します。」というように、もっともらしく記述されている。

フィッシングも、ユーザIDやパスワードを盗み出し、それを悪用しようとする手口は、スパイウェアと同じである。この場合も、これら情報は、金融機関から不正に本人になりすまして、現金を引き出すことに使用されるが、このような行為は、詐欺罪（刑法246条）および電子計算機使用詐欺罪（刑法246条の2）に該当する可能性が高い。

不自然な形で個人情報（クレジットカード番号、ユーザIDやパスワード）を聞き出そうとする電子メールに対しては、電子メールを送信してきたとされる企業の実際のホームページや窓口に問い合わせて確認することが必要である。

一方、ファーミング（pharming）とは、ユーザが正しいURLを入力しても、自動的に偽のサイトに誘導して個人情報を詐取する行為である。「farming」（農業）から生まれた造語で、被害者を一気に収穫するイメージの言葉である。一般の利用者が、正しいURLでホームページを閲覧していても、ISPが管理するサーバの情報を、不正に書き換えたり、ウイルスやワームを使って個人のパソコンに保存されているファイルを、改ざんする手口で偽サイトへ誘導するものである。このような行為は、電子計算機損壊等業務妨害罪（刑法234条の2）、電磁的記録不正作出罪（刑法161条の2）に該当する。また、入手した情報を不正使用した場合は、電子計算機使用詐欺罪（刑法246条の2）、詐欺罪（刑法246条）に該当する可能性が高い。

ファーミングは、ブラウザのアドレス・バーには正規のURLが表示されているため、ユーザにとって偽サイトだと気づきにくい。このように、

ファーミングは、正しいサイトに接続していると信じているユーザが入力した情報を、巧妙に盗み取る手口であることに特徴がある。金融情報のような個人情報を入力するページでは、ブラウザにSSL通信[158]を示す「鍵マーク」がロックされた状態で表示されているかどうか。または、アドレスが、http://…… であるかなどを確認する必要がある。そして、「鍵マーク」をクリックしてホームページが正規の企業のものであるか、確認することを習慣づける方が安全である。

8.9 迷惑（スパム）メール

ウイルスほど脅威ではないが、ウイルスより頻繁に遭遇するのが、迷惑（スパム）メールである。第7章7.10節でも説明したように、迷惑メールとは、公開されているウェブサイトから手に入れた電子メールアドレスに向けて、営利目的の電子メールを無差別に大量配信することである。このようなインターネットを利用した電子メールや、不要なダイレクトメール全般を指す。ごみという意味で、ジャンクメール、バルクメール、スパムメールと呼ぶこともある。

インターネットでは、メール受信のための通信料は受信者の負担になるため、迷惑メールのように、受信者の都合を考慮せず一方的に送られてくるこうしたメールは、極めて悪質な行為である。また、スパム行為は、同内容のメールを一度に大量に配信するため、インターネットの公共回線に負荷がかかる点も問題となっている。近時、iモード携帯電話のように、インターネット接続機能を持つ携帯電話に対するスパムが社会的な問題になっている。

迷惑メールをスパムメールと呼ぶことが多いが、このスパムの語源が興味深い。スパムとは、実は、ホーメルフーズ社の味付け豚肉の缶詰の商品名のことである。イギリスのコメディー番組「モンティ・パイソンの空飛ぶサーカス」の有名なコントに、次のようなものがある。

レストランに夫婦が入ってきてメニューを選んでいると、近くに座ってい

るバイキングの一団が「スパム、スパム、スパム」と大声で歌いだす。次第に店員も「スパム」を連呼しだし、最初は嫌がっていた夫婦も最後には屈してスパムを注文せざるを得なくなる、というストーリーである。このように、欲しくもないのに大量に送りつけられてくる広告メールから、このコントでしつこく連呼される「スパム」を連想したのが由来と言われている(159)。

ホーメルフーズ社は迷惑メールをスパムと呼ぶことは許容しているようだが、社名や商品名に使うのは認めておらず、迷惑メール対策ソフトを開発したスパムアレスト（SpamArrest）社が、ホーメルフーズ社に商標権侵害で訴えられるという事件も起きた。

わが国の迷惑メール事件としては、送られてきた電子メールの表題に「最終通告」と記述されており、特定の銀行口座に入金するよう催促するスパムメールが大量に送信された事件が平成15年にあった。国民生活センターで紹介されている代表的な詐欺メールであり、身に覚えが無くこういった電子メールを受信した際には、注意が必要である。

この電子メールは、サブジェクト欄が「最終通告」で、本文が「前略、先日発送しました債権譲渡通知書はすでに～」で始まっている点が特徴である。また、送信元のアドレスは詐称されていた。本文内容は、大手都市銀行の指定口座へ5万2,500円入金するように督促する内容となっていた。このような利用した覚えのない利用料を請求するメールが短期間に非常に増えている。

このようなメールへの対策としては、① 架空請求の横行を認識し注意する、② 身に覚えのない請求は無視する、③ メールアドレス以外の電話番号・住所を知られないように注意する、④ 警察に報告する、といった対応策が必要である。

迷惑メールに返信を行うと、送信元アドレスに自分のメールアドレスが表示されるため、現在の自分のメールアドレスがスパム業者に分かってしまう可能性がある。また、送信元アドレスを詐称された会社のメールサーバに大きな負荷が掛かる可能性があるので、返信してはならない。

これは、明らかに詐欺罪（刑法246条）に相当する可能性が高い。また、ある特定のアドレスに大量に迷惑メールを送りつけることによって、この迷惑メールを嫌がらせのために使うこともできる。また、迷惑メールは、電子計算機損壊等業務妨害罪（刑法234条の2）に相当する可能性がある。

注

(142) 警察庁ホームページ（サイバー犯罪対策）
(http://www.npa.go.jp/cyber/statics/index.html)（2007年2月7日アクセス）。
(143) 河崎貴一『インターネット犯罪』（文藝春秋、2001年）15～16頁。
(144) 警察庁情報セキュリティ重点施策プログラム-2005
(http://www.npa.go.jp/cyber/policy/index.html)（2006年12月4日アクセス）。
(145) インターネット上の、コンピュータの名前にあたるドメイン名を、住所にあたるIPアドレスと呼ばれる4つの数字の列に変換するコンピュータをいう。
(146) 最大判昭和24年5月18日刑集3巻6号839頁。
(147) 警視庁ホームページ
(http://www.keishicho.metro.tokyo.jp/haiteku/haiteku/haiteku34.htm)（2006年12月4日アクセス）。
(148) 千葉地判平成12年7月12日。
(149) 高松地判平成14年10月16日。
(150) IPAセキュリティーセンター
(http://www.ipa.go.jp/security/virus/virus_main.html)（2006年12月4日アクセス）。
(151) IT用語辞典 e-words (http://e-words.jp/)（2006年12月4日アクセス）。
(152) 通商産業省告示第952号（平成12年12月28日）。
(153) 情報処理推進機構（IPA）(http://www.ipa.go.jp/)（2006年12月4日アクセス）。
(154) 平成16年経済産業省告示第235号（平成16年7月7日）。
(155) 情報処理推進機構（IPA）セキュリティーセンター（被害届）
(http://www.ipa.go.jp/security/outline/todokede-j.html)（2006年12月4日アクセス）。
(156) 前掲注（151）(2006年12月4日アクセス）。
(157) The Center of Democracy & Technology (http://www.cdt.org/)（2006年12月4日アクセス）。
(158) 利用者のパソコンとサーバとの通信を暗号化し、たとえ傍受、盗聴されても通信内容を判読不能にする暗号通信規約のこと。
(159) 前掲注（151）(2006年12月4日アクセス）。

第 9 章

個人情報保護法

《本章のねらい》

　企業の個人情報漏洩事件が、後を絶たない。その多くは、企業が取り扱う顧客の個人情報である。個人情報漏洩は、外部からの不正アクセスやフィッシングのように、虚偽のホームページにより、不正に、氏名や住所だけでなく、暗証番号さえも盗み出してしまうものもある。しかし、個人情報漏洩事件の多くは、企業の個人情報の管理の不十分さに起因している。

　本章では、個人情報保護法とインターネット固有の Cookie（クッキー）を使った情報の収集と個人情報保護についても、あわせて考えてみよう。

9.1 個人情報漏洩事件

　個人情報漏洩とは、個人情報を保有する者、および個人情報に該当する者の意図に反して、第三者へ情報が漏れることをいう。以前は、内部の者がハードコピーで個人情報を持ち出し、それを名簿屋[160]に売るケースが多かったが、最近は、電子データとなった個人情報のインターネット経由での漏洩が多くなりつつある。

　とくに、2004年には、Yahoo!BB事件や、ジャパネットたかた事件をはじめとする大規模な個人情報漏洩事件が相次いだ。このような大規模な個人情報漏洩事件が、2005年4月から完全施行された「個人情報の保護に関する法律」(個人情報保護法)の背景にある。

　以下、大規模な個人情報漏洩事件を、いくつか見てみよう。

(1) **Yahoo!BB事件**

　流出規模では、過去最大の事件が、Yahoo!BB事件である。2004年1月、450万件を超えるYahoo!BBの個人情報が漏洩したことが明らかになった。漏洩した個人情報の内容は、住所、氏名、電話番号、メールアドレス、Yahoo!メールアドレス、Yahoo!JapanID、申込日であり、クレジットカード情報、銀行口座、パスワードは含まれていなかった。この事件は、ある者が「Yahoo!BBの顧客情報を入手した」として、数十億円を恐喝したことから始まる。警視庁がこの者を逮捕して取り調べたところ、この事件が明るみに出た。データベースのアクセス権を持つ代理店社員からの情報漏洩であり、個人情報を有するデータベースのアクセス管理が不十分だったことが原因であった[161]。

(2) **ジャパネットたかた事件**

　2004年、「ジャパネットたかた」から、過去に、約60万人分を超える個人情報が漏洩した可能性があることが明らかになった。ジャパネットたかたは、長崎県佐世保市に本社のある通信販売業最大手である。漏洩した個人情報は、氏名、性別、住所、電話番号、生年月日、年齢の6項目であり、クレ

ジットカード番号は含まれていなかった。この事件は、元従業員による、磁気テープからの漏洩であった[162]。

(3) アッカ・ネットワークス事件

2004年、アッカ・ネットワークス（ACCA社）から、同社が提供するADSL接続サービス利用の顧客情報、約34万人分が漏洩した。同社は、ADSL回線の卸業者であり、東京都や政令指定都市周辺の地区を対象に、特定のISPと提携して、ADSL回線とプロバイダ契約を提供していた。このため、ニフティー、OCNをはじめとするISPの顧客情報が漏洩したことが明るみになった。漏洩した個人情報は、氏名、住所、郵便番号、電話番号、メールアドレスであり、クレジットカード番号をはじめとする個人情報は含まれていなかった。この事件も、データベースのアクセス管理の不十分が原因であった。

このほかにも、私鉄のメール会員の個人情報が13万人分漏洩した事件、酒類メーカのモニター応募者の個人情報が7万人分漏洩した事件、外資系銀行日本支社の約12万人分の口座情報が漏洩した事件、信販会社のカード会員10万人分の個人情報が漏洩した事件、旅行代理店から顧客情報62万人分の個人情報が漏洩した事件がある。

9.2　個人情報保護法

個人情報に関する保護法制の議論は、古くからなされてきた。1980年には、「プライバシー保護と個人データの国際流通についてのガイドライン」に関するOECD理事会勧告が出された。1988年には、「行政機関の保有する電子計算機処理に係る個人情報の保護に関する法律」が公布された。その後、高度情報通信推進本部「個人情報保護法制化専門委員会」を中心に議論が重ねられ、2001年3月には、「個人情報の保護に関する法律案」が国会に提出された。そして、2003年、「個人情報の保護に関する法律」（個人情報保護法）が制定された[163]。

では、個人情報とはいったい何であろうか。個人情報保護法で規定する個

人情報とは、「この法律において『個人情報』とは、生存する個人に関する情報であって、当該個人情報に含まれる氏名、生年月日その他の記述等により特定の個人を識別することができるもの（他の情報と容易に照合することができ、それにより特定の個人を識別することができることとなるものを含む。）をいう。」と規定している（個人情報保護法2条1項）。

つまり、氏名、住所、生年月日に限らず、ある情報が他の情報と照合することによって、特定の個人を識別できるものであるなら、ハンドルネームやメールアドレスも個人情報となる。たとえば、ハンドルネームと事業者の氏名情報が照合できる場合である。事業者が保持する情報で、特定個人と結び付けられるものはすべて個人情報となり得る。

次に、同法を遵守しなければならない個人情報取扱事業者とは、いかなる者であろうか。個人情報取扱事業者とは、過去6ヶ月間で一度でも5,000人を超える個人を検索することができるように、体系的に構成した個人情報データベースを事業活動に利用している者をいう。個人であっても、これらの条件を満たしていれば、個人情報取扱事業者になる。

では、この個人情報取扱事業者の義務は、いかなるものがあるのであろうか。以下、代表的な義務を紹介しよう。

(1) **利用目的の特定、利用目的による制限**（同法15条、16条、18条）

個人情報を利用するにあたっては、その利用の目的をできる限り特定しなければならない。

(2) **利用目的による制限**（同法16条）

あらかじめ本人の同意を得ないで、特定された利用目的の達成に必要な範囲を超えて、個人情報を取り扱ってはならない。

(3) **正当な取得**（同法17条）

個人情報は、偽りその他不正の手段により個人情報を取得してはならない。

(4) **取得に際しての利用目的の通知**（同法18条）

個人情報を取得した場合は、あらかじめその利用目的を公表している場合を除き、速やかに、その利用目的を、本人に通知し、または公表しなければ

ならない。

(5) **データ内容の正確性確保**（同法 19 条）

利用目的の達成に必要な範囲内において、個人データを性格かつ最新の内容に保つよう勤めなければならない。

(6) **安全管理措置**（同法 20 条）

その取り扱う個人データの漏洩、滅失または毀損の防止その他の個人データの安全管理のために必要かつ適切な措置を講じなければならない。

(7) **従業者の監督**（同法 21 条）

従業者に個人データを取り扱わせるにあたっては、個人データの安全管理が図られるよう、従業者に対する必要かつ適切な監督を行わなければならない。

(8) **委託先の監督**（同法 22 条）

個人データの取り扱いの全部または一部を委託する場合は、その扱いを委託された個人データの安全管理が図られるよう、委託を受けた者に対する必要かつ適切な監督を行わなければならない。

(9) **第三者提供の制限**（同法 23 条）

あらかじめ本人の同意を得ないで、個人データを第三者に提供してはならない。第三者に提供できるのは、本人の同意を得ている場合、オプトアウトを設けている場合、もしくは法令に基づく場合のいずれかである。

(10) **保有個人データに関する事項の公表**（同法 24 条）

保有個人データに関し、個人情報取り扱い事業者、利用目的、開示の手続きを本人が知り得る状態に置かなければならない。

(11) **本人からの請求対応**（同法 25 条、26 条、27 条）

本人から、開示、訂正、利用停止の請求があった場合には、遅滞なく対応できるようにしなければならない。

(12) **開示の求めに応じる手続き**（同法 29 条）

個人情報の開示を求める手続きは、実質的に開示請求させないような過度の負担を課してはならない。

以上、個人情報取扱事業者の代表的な取り扱い義務を見てきたが、これら

の事業者に対し、JIPDEC（日本情報処理開発協会）や指定機関が、その取り扱いの適正さを審査することができる。同法に則った一定の基準を達成している事業者には、プライバシーマークを付与することができる[164]。

たとえば、インターネット上の個人情報取扱事業者のホームページには、よく"P"マークを見ることができるが、これがプライバシーマークである。この表示により、個人情報取扱事業者は、一般の利用者から一定の信頼を得ることができる仕組みになっている。ただし、プライバシーマークの付与は、単に、個人情報の取扱方法が、一定の基準を満たしていることに対する審査に合格したという意味であって、もし、プライバシーマークを付与された個人情報取扱事業者が、個人情報を漏洩したとしても、その責任をJIPDECが負うものではない。また、虚偽のプライバシーマークを表示している悪質な業者もいることを忘れてはならない。

9.3 不正競争防止法その他の法令

個人情報が漏洩した場合、プライバシー侵害となる可能性や、個人情報保護法に抵触するだけではない。たとえば、顧客台帳や取引先一覧表は、個人情報であると共に、事業者の営業秘密でもある。これらの情報が漏洩した場合、営業秘密を規定している不正競争防止法にも抵触することになる。

不正競争防止法では、営業秘密を「秘密として管理されている生産方法、販売方法その他の事業活動に有用な技術または営業上の情報であって、公然と知られていないもの」をいう、と規定している（不正競争防止法2条6項）。具体的には、① 秘密として管理されていること（秘密管理性）、② 事業活動に有用な技術上または営業上の情報であること（有用性）、③ 公然と知られていないこと（非公知性）を満たす情報である。

このように、漏洩したものが営業秘密である場合には、詐欺的行為（人を欺く、暴行を加える、脅迫する行為）または管理侵害行為（営業秘密が記録された記録媒体の摂取、営業秘密が管理されている施設への侵入、不正アクセス行為）により取得した営業秘密を不正の競争の目的で、使用し、または

開示した場合は、同法により処罰の対象となる。また、このような不正競争行為を行って、他人の営業上の利益を害した場合には、損害賠償責任を負うことになる。

なお、個人情報保護法は、行政が事業者に対する個人情報の取り扱い方法を規制した法律であるが、個人対個人、事業者対個人の関係では、当然のことながら民法が適用され、民事責任を追及されることになる。たとえば、事業者が個人情報を誤って漏洩してしまった場合、個人情報保護法違反で、当該事業者は処罰の対象となるが、漏洩した個人情報の個人から、民事上の損害賠償請求がなされる可能性がある。また、事業者が別の事業者から委託を受けていた場合には、委託元の事業者から、損害賠償責任が追及される可能性がある。

9.4 個人情報の管理方法

個人情報は、取得するところから始まり、その利用、保管を経て、最終的には消去される。これらの局面ごとに、個人情報漏洩のリスクがある。この節では、これらを具体的に見てみよう。

(1) 取得

個人情報の取得には、いろいろな方法がある。たとえば、何かの申込書に、氏名、住所、電話番号を記入するとする。これらは、個人を特定することができるので、個人情報である。記入した本人は、これらの個人情報が、目的以外のために使われることを予定していない。よって、個人情報を取得するときには、利用目的をできる限り特定して、本人に通知することが必要である。また、その目的以外で個人情報を利用してはならない（個人情報保護法 15 条、16 条、17 条）。

なお、ビジネスでは、名刺の交換を行うが、これはビジネス上の慣例なので、いちいち、名刺上の個人情報の使用目的を伝える必要はないであろう。また、宅配のため、氏名、電話番号を聞くという行為は、その利用目的は明らかであるので、いちいち、個人情報の利用目的をいう必要はないと思われ

る。

インターネットを利用した個人情報の取得については、事業者は、表示画面に、目的以外に個人情報を利用しないことを明記する必要がある。また、スパイウェアやフィッシングにより、不正に個人情報を盗むことができるので、十分にセキュリティ対策を講じておかなければならない。クッキーを使った個人情報の取得については、次節で詳しく解説する。

(2) **利用**

顧客情報を外部の委託業者に預けることが多いが、9.1節の事例でも取り上げたように、外部の委託業者からの情報漏洩が多い。もちろん、委託業者の管理責任を追及できるが、委託元も責任を問われる。なぜなら、個人情報保護法では、委託元に対し、委託先の監督責任を義務づけているからである（同法22条）。

また、顧客の個人情報を第三者に提供する場合には、かならず顧客に事前に同意を得る必要がある（同法23条）。

企業でよく起こる事件が、電子メールを顧客に送る際に、すべて"TO"で送ってしまい、顧客に他の顧客が誰であるかが分かってしまうケースである。こういう場合には、"BCC"を使って送付すべきである。そうすれば、受信した者は、自分以外、誰に送付したのかわからない。

また、ヤミ名簿屋[165]から名簿を買い、それを利用することが考えられる。この場合、個人情報の入手者が、法的な規制を受けることはないが、もし、不正入手を知っていて、それを購入し使用した場合は、法例違反となる可能性がある（同法17条、23条）。

(3) **保管**

保管の局面で、個人情報が漏洩することが多い。とくに企業では、データベースのアクセス管理には、十分注意すべきである。業務上、委託業者にアクセス権を付与する場合には、委託契約のなかに、管理責任条項を盛り込む必要がある。また、アクセス権を付与された者に対する教育も重要である。

なお、退職者がいる場合には、その退職者が個人情報を持ち出さないように注意すべきである。プロジェクトが終了し、データベースにアクセスする

必要がなくなった場合には、直ちに、ユーザIDやアクセス権を消去しなければならない（同法21条）。

近時、会社のパソコンやデータを自宅に持ち帰り、自宅で仕事をする人が多いが、この場合、データの入っているメディアを紛失したり、パソコンを電車の中に置き忘れてしまうことがある。また、セキュリティの脆弱な家庭用パソコンから、データが盗み出されてしまうケースがある。ネットワークの接続が必要でない場合は、非接続形式でパソコンを使用することや、家庭用パソコン内に、機密データを残さない工夫が必要である。

(4) 消去

ハードディスク内のデータを消去しても、物理的には消去されていないので注意が必要である。また、パソコンが壊れたからといって、そのまま廃棄することは危険である。ハードディスクのデータが消去されていない以上、専門家であるなら、簡単に復元する可能性がある。よって、パソコンを廃棄する場合には、OSをインストールし直しリセットするか、信頼できる廃棄業者に廃棄を頼む必要がある（同法20条）。

9.5 クッキーと個人情報保護

この節では、個人情報漏洩に関するインターネット固有の問題である、クッキー（Cookie）を使った個人情報取得について考えてみよう。クッキーとは、ウェブサーバから各ユーザが利用している、ウェブブラウザ（ホームページ閲覧ソフト）へ送られる小さなプログラムで、ユーザのインターネット利用履歴に関するデータを、一時的に保存させた上で、このデータをユーザのIPアドレスとともに、このクッキーを送り込んだウェブサーバへ、自動的に送信するという機能である[166]。

ユーザ名やパスワードを入力しなくとも、自動的にログインされることがあるが、これはクッキーが使用されているためである。クッキーが収集する情報は、IPアドレス、当該サイトをアクセスした回数、日時、閲覧ページ、ユーザ名、パスワードであり、個人の氏名や住所、メールアドレスは、本人

が入力しない限り収集することができない。

　では、クッキーを利用してユーザの利用情報を集めることは、個人情報保護法でいう個人情報の収集に、該当するのであろうか。個人情報保護法2条1項は、「この法律において『個人情報』とは、生存する個人に関する情報であって、当該個人情報に含まれる氏名、生年月日その他の記述等により特定の個人を識別することができるもの（他の情報と容易に照合することができ、それにより特定の個人を識別することができることとなるものを含む。）をいう。」と規定している。これについて、経済産業省は、具体例のガイドラインを出している[167]。

　具体的には、他の情報と容易に照合することによって、個人を識別することができるかどうかがポイントであるが、「容易に」の基準が問題となる。これには大きく分けて2つの考え方があり、誰でも照合可能な絶対的なものでなくてはならないとする説と、特定の者について照合可能であれば足りるとする説がある。

　いずれにせよ、クッキーの情報だけでは個人を特定することはできないので、容易に照合することはできないと考えられる。よって、通常の場合、クッキーを使って収集する情報は個人情報とはいえ、個人情報保護法の適用外となる。ただし、クッキー以外の方法で入手した情報を組み合わせて、個人を特定することができれば、クッキーの情報も「個人情報」の一部を構成する要素となり、個人情報保護法の適用を受けることになる。

　なお、「個人情報」の定義は法令によっても異なり、行政機関個人情報保護法や独立行政法人個人情報保護法では、「他の情報と照合することができ」と規定しており、容易性の要件を外しているので注意が必要である[168]。

　一方、氏名、住所、電話番号、年齢、職業などの会員情報が登録されている場合、これらのものは個人情報である。この場合、クッキーで収集する閲覧情報は、閲覧の際に入力される会員番号で氏名に「容易に照合」することが可能なので、個人情報の一部となる。

　この場合、クッキーの情報も個人情報に該当し、個人情報保護法の適用を受けることになる。同法18条1項は、「個人情報を取得した場合には、あら

かじめその利用目的を公表している場合を除き、速やかに、利用目的を本人に通知または公表しなければならない。」と規定している。つまり、取得後に、情報の利用目的を、本人に通知または公表しなければならない。

また同法18条2項は、「本人との間で契約を締結することに伴って契約書その他の書面（電子的方法、電磁的記録方式その他人の知覚によっては認識することができない方式で作られる記録を含む。）に記録された当該個人の個人情報を取得する場合その他本人から直接書面に記載された当該本人の個人情報を取得する場合は、あらかじめ、本人に対し、その利用目的を明示しなければならない。ただし、人の生命、身体または財産の保護のために緊急に必要がある場合は、この限りでない。」と規定している。つまり、第2項では、取得前に、本人に対して、利用目的を明示する必要があると規定している。

同法18条1項と2項の違いは、会員登録（契約締結）時には2項が適用され、個人情報の利用目的を読んで、承諾した上でないと、登録できないようにしておかなければならない点である。その後のクッキーによる情報収集については、1項が適用されると考えるのが自然であろう。ただし、2項が適用されるという見解も一部にある。

いずれにせよ、システムを構築する際には、会員登録（契約締結）時に、個人情報のプライバシーポリシーと、クッキーによる閲覧情報収集に関するプライバシーポリシーを用意し、それらを読んで承諾した上での会員登録にしておけば、同法18条の要件は満たすことになる。

注
(160) 大学や企業をはじめとする種々の名簿を入手し、それを販売する業者。
(161) 企業から流出した名簿は、かつては10万件で300万円の値がついたが、最近は、漏洩があまりにも多く、100万円程度に価値が下がっているという情報もある（インターネット事件簿、http://internet.watch.impress.co.jp/static/column/2004/03/03/）（2006年12月4日アクセス）。
(162) 利用者の顧客リストが流出した後、同社は一連の広報活動や商品の販売を、約1ヶ月半の間自粛した。これによって150億円の減収になったと報じられた（goo Wikipedia事件検索、http://wpedia.search.goo.ne.jp/search/）（2006年12月4日アクセス）。
(163) 首相官邸ホームページ「個人情報の保護に関する法律」
（http://kantei.go.jp/jp/it/privacy/houseika/hourituan）（2006年12月4日アクセス）。

142　第 9 章　個人情報保護法

(164) 日本情報処理開発協会プライバシー事務局「プライバシーマーク制度」(http://privacymark.jp)（2006 年 12 月 4 日アクセス）。
(165) 不正の名簿を入手し、高額な金額で企業に売りつける名簿販売業者。
(166) シロガネ・サイバーポール編『インターネット法律相談所』（リックテレコム、2004 年）127 頁。
(167) 経済産業省「個人情報の保護に関する法律についての経済産業分野を対象とするガイドラインの策定」（平成 16 年 6 月）(http://meti.go.jp/policy/it_policy/press/0005321/)（2006 年 12 月 4 日アクセス）。
(168) 行政機関個人情報保護法 2 条 2 項；独立行政法人個人情報保護法 2 条 2 項。

第 10 章

電子署名と電子認証

《本章のねらい》

　インターネット上の取引では、当事者同士が対面することなしに、定型の契約が結ばれる。そのため、他人になりすまして契約がなされる可能性が高い。安全にインターネット上で取引をするためには、意思表示者が誰であるか、身元を確認する認証制度が不可欠である。

　通信の秘密を確保することも必要である。さらに、電子情報が改変されていないことを確認する認証も必要である。

　このような背景から、平成13年に「電子署名及び認証業務に関する法律」（電子署名法）が制定され実施された。

　この章では、この電子署名法を中心に、電子署名と電子認証について考えることにしよう。

10.1 電子署名と電子認証

　お店で買い物をしたとき、カードで支払いをすることがある。この時、小さな書類にサインをした人も多いのではないだろうか。署名とは、手書きのサインのことである。わが国では、署名の代わりに、印鑑が広く商取引において使用されている。この手書きのサインや印鑑は、どのような役割をはたしているのであろうか。手書きのサインの場合、サインをした人の筆跡により、本人が確かに署名をしたということが確認できる。また、印鑑を使用した場合には、その印影によって、本人が所持する印鑑であり、また本人が押印したということが確認できる。このように、署名や印鑑には、文書の作成者である相手方を確認する機能がある。では、インターネット上の取引では、どのように本人確認をしたらよいのであろうか。

　インターネット上は、遠隔地から相手と対面することなく通信することができる。また、通信の傍受、改ざん、破壊、なりすましをはじめ、情報の信頼性、機密性、完全性に対する脅威が存在する。そのため、インターネット上で取引を行なう場合、本人確認の機能と情報の真正性に対する確保が必要である。

　インターネット上で取引をした場合、その取引は電子的な取引となり、紙という媒体は存在しない。よって、従来の署名や押印は別の方法で行わなければならない。インターネット上で、署名や印鑑の果たす機能を電子的にもたせたのが電子署名である。しかし、電子署名といえども、そのデータは０と１のデジタル信号であるので、改ざんや複製が容易である。そこで、その機能を確固たるものにするためには、さまざまな暗号技術と、第三者である認証機関の存在が必要となる。

　このような背景から、2001（平成13）年施行の「商業登記法等の一部を改正する法律」によって、「商業登記制度を基礎に置く電子認証制度」および「公証人制度を基礎に置く電子公証制度」が導入された。また、同年には、「電子署名及び認証業務に関する法律」（電子署名法）が施行された。

本章では、この電子署名法を中心に、電子署名と電子認証について説明しよう。

10.2 情報セキュリティ上の脅威

インターネット上での電子商取引で、もっとも考慮しなければいけないものが信頼性の確保である。一般に、インターネット上の脅威は、大きく以下の4つに分けることができる。この節では、インターネット上の情報セキュリティの脅威について整理しておこう。

(1) **情報の漏洩**

以前から、B2Bの取引では、企業間を専用回線で結ぶことによって、情報の漏洩または盗難を未然に防止してきた。その理由は、企業間の情報は、機密度が高く、また取引金額も大きいからである。しかし、専用回線を使用するためには、高い使用料を支払わなければならない。このため、最近では、B2Bでもインターネットを利用した取引が増えてきている。

しかし、インターネットは、公道のようなものであり、多くの脅威が存在する。そのひとつが、情報の漏洩である。インターネット上では、各企業や組織のサーバを経由して情報のやり取りが行われる。よって、電子データは、まったく関係のないサーバの上を通過する。これらのサーバの情報セキュリティの管理もさまざまであり、情報の漏洩が起こりうる状況にある。また、故意に情報を盗み取ろうとするハッカーやクラッカーが存在することも忘れてはならない。

(2) **情報の改ざん**

書面上では、文書を改変する場合、その痕跡をまったく残さないで改ざんすることは難しい。また、性能のよいコピー機を使ったとしても、まったく同じ品質のものを複製することは容易ではない。しかし、電子データは、作成や改変、複製を容易に行うことができる。また、改変してもその証拠が残らないという特徴がある。よって、情報が改ざんされても、変更された箇所を発見することは極めて難しい。電子データは、改ざんに対しては非常に脆

弱である。このように、通信の秘密を確保することが重要であり、さらに、電子情報が改変されていないことを確認する認証も必要である。また、トラブルが生じた場合、証拠価値の高い証拠が必要である。

(3) **なりすまし**

他人が本人になりすまして、メッセージを送信することも容易に行うことができる。たとえば、本人の署名や押印の画像情報を添付して送ってきたとしても、そのような画像情報は、いくらでもコピーできるので、本人が送ってきたとは限らない。また、第三者の名前を使って電子メールを送ることも比較的容易である。このように、本人が特定できないことは、特にビジネス上の取引の場合には、大きな脅威となる。

このように、インターネット上の取引では、当事者同士が対面することなしに契約が結ばれるので、他人になりすまして契約がなされる可能性が高い。このため、これを回避するためには、意思表示者が誰であるか、身元を確認する認証制度が不可欠である。

(4) **否認**

メッセージの送信の事実の有無をめぐって、送受信後、相手方が送信の事実や内容の一部を否認する危険がある。たとえば、インターネットで書籍を買ったとしよう。確かに注文したのだが、電子書店は注文を受けたという事実がないと主張する場合がある。逆に、受注後、書店が書籍を発送したが、注文した方は、注文した覚えがないと主張する場合がある。また、これを悪用した詐欺行為も可能である。

これらの、セキュリティ上の問題を解決するため、インターネットの世界に、電子署名および電子認証の技術が導入され、また「電子署名及び認証業務に関する法律」（電子署名法）が制定された。

10.3　電子署名法

わが国の電子署名法は、通常の取引における署名、押印、印鑑証明書の役割を、電子署名、電子認証という制度によって、インターネットを利用した

取引にも同様の役割を果たすことを目的とし、また電子署名の法的効力を定めたものである。

電子署名法では、電子署名を、「電磁的記録に記録することができる情報について行われる措置であって、次の要件のいずれにも該当するもの」と規定している。その要件とは、① 当該情報が当該措置を行った者の作成に係るものであることを示すためのものであること、② 当該情報について改変が行われていないかどうかを確認することができるものであること、である（電子署名法2条1項）。

同法の目的は、「電子署名に関し、電磁的記録の真正な成立の推定、特定認証業務に関する認定の制度その他必要な事項を定めることにより、電子署名の円滑な利用の確保による情報の電磁的方式による流通および情報処理の促進を図り、もって国民生活の向上および国民経済の健全な発展に寄与すること」としている（電子署名法1条）。

同法の実質的な内容は、① 電磁的記録の真正な成立の推定、② 特定認証業務に関する認定の制度、③ その他事項、の3つに分けることができる。

(1) 電磁的記録の真正な成立の推定

同法3条では、「電磁的記録であって情報を表すために作成されたもの（公務員が職務上作成したものを除く。）は、当該電磁的記録に記録された情報について本人による電子署名（これを行うために必要な符号及び物件を適正に管理することにより、本人だけが行うことができることとなるものに限る。）が行われているときは、真正に成立したものと推定する。」と規定している。これにより、電磁的記録の真正な成立の推定に関しては、電磁的記録に記録された情報について本人による一定の電子署名がなされているときは、真正に成立したものと推定することができる。

(2) 特定認証業務に関する認定の制度

特定認証業務に関する認定の制度では、認証業務の認定と指定調査機関について規定している。認証業務の認定では、認証業務（電子署名を確認するために用いる情報が本人に係るものであることを照明する業務）のうち一定の要件を満たすものを特定認証業務と定義し、これを行おうとする者は、主

務大臣の認定を受けることができる。そのための、認定の要件、認定を受けた特定認証業務を行う者の義務、認定を受けた業務についてその旨表示可能とする規定を設けている。また、外国の認証事業者に関する取り扱いも規定している（同法4条〜16条）。

指定調査機関については、主務大臣は、認証業務の認定にあたり、その指定する者（指定調査機関）に調査の全部または一部を行わせることができると定めている（同法17条）。

(3) その他の事項

その他の事項では、特定認証業務に関する援助、国民への教育活動・広報活動、国家考案委員会の役割、罰則について定めている。

なお、同法を補完するものとして、「電子署名及び認証業務に関する法律による指定機関一覧」、「電子署名及び認証業務に関する法律施行令」、「電子署名及び認証業務に関する法律施行規則」、「電子署名及び認証業務に関する法律に基づく特定認証業務の認定にかかる指針」、およびその他関連省令がある[169]。

10.4 海外の電子署名法

海外では、1995年頃から、アメリカ、EU、アジア各国で、電子署名や認証業務に関する法律が次々と制定された[170]。

アメリカは、基本的な政府機能は州に属し、連邦政府は対外関係や州際問題を所管する連邦国家であるため、1995年頃からユタ州をはじめとして州政府が積極的に電子署名法を制定した。しかし、これら電子署名法は、各州が独自に作るので、法律の適用範囲を公文書に限るか私文書も含めるか、電子署名の定義をどのようにするか、またどのような法的効力を認めるか、認証業務を州政府の規制におくかどうか、さまざまな点で違いが見られる[171]。

たとえば、カリフォルニア州では、カリフォルニア州民法1633.1〜1633.17節（統一電子トランザクション法）[172]は、対象とする電子署名全般について規定しているが、カリフォルニア電子署名法（カリフォルニア州

政府法典 16.5 節）[173] では、電子署名の適用範囲を、公的機関との間に通信に限り、一定の要件を満たす場合に限り、手書きのサインと同等の効果を有するとしている[174]。また、ニューヨーク州デジタル署名法（Digital Signature Act）は、アメリカ統一商事法典（UCC）と同じ規定を置いている（UCC § 1-108）。その他の州も、これらと類似した電子署名に関する法律を制定している[175]。

このように、アメリカでは州によって電子署名に関する規定が異なり、州法の違いは、州を超えて行われる州際電子商取引の支障になった。さらに、アメリカの各州の法律は、全国的な統一性や法的予測を欠き、企業や消費者の間で大きな混乱をもたらした。このため、連邦法である電子署名法の制定が必要となり、2000 年 6 月に「グローバルな商取引と国内商取引における電子署名法」（電子署名法）[176] が成立し、同年 10 月から発効した。同法は、州際取引と国際取引に関し使用される電子署名について一定の法的効力を与えるとともに、電子署名の国際的な利用を促進する施策をとるよう商務長官に命じている。

また、アメリカでは、同じ時期に、1999 年 7 月に採択されたモデル法である「統一電子取引法」（Uniform Electronic Transaction Act/UETA）および「統一コンピュータ情報取引法」（Uniform Computer Information Transactions Act/UCITA）でも、電子署名の規定が置かれた。しかし、これらのモデル法は、州法としてあまり利用されず、州際取引と国際取引の電子署名に関しては、連邦法である「グローバルな商取引と国内商取引における電子署名法」（電子署名法）が最も重要である。

アメリカでは、詐欺防止法（Statute of Frauds）を定めたアメリカ統一商事法典（UCC） § 2-201（Formal Requirements; Statute of Frauds）では、契約の価格が 500 ドル以上の売買については、一定の「書面」がなければ裁判所による強制力を行使できない旨を定めている[177]。この書面は、契約の有効性の要件であり、電子的な署名も有効であるが、UCC ではそれを規定していない。ただし、UCC § 1-108（Relation to Electronic in Global and National Commerce Act）では、UCC が電子署名法に優先するとしている。

150　第 10 章　電子署名と電子認証

　一方、EU では、1999 年 12 月に「電子署名に関する指令」(European Union Electronic Signature Directive) が採択された。これは、電子署名の法的効力を認め、認証業務の自由、私的自治、技術的中立性、国際協調をはじめとする諸原則を定め、加盟諸国の法律や政策を調和させることにより、電子商取引推進の法的基盤を提供するものである。また、1997 年には、ドイツでデジタル署名法 (German Digital Signature Law/Ordinance) が制定され、2000 年には、イギリスの電子通信法 (the UK Electronic Communications Act 2000) が制定された。

10.5　真正な成立の要件

　電子デジタル情報に、本人による電子署名がなされた場合、真正に成立したものと推定されるのであろうか。これに関し、民事訴訟法では、「私文書は、本人又はその代理人の署名又は押印があるときは、真正に成立したものと推定する。」(同法 228 条 4 項) と規定し、書面に署名又は押印がある場合、作成者がその意思に基づき当該書面を作成したことが推定される。

　「真正な成立」とは、民事訴訟で文書を証拠として用いるための要件（同法 228 条 1 項）であり、「推定する」とは、ある事項についての立証責任を転換し、反証がなされない限り証明されたものとして取り扱うことをいう。ただし、この推定規定は、本来、紙の文書について定められたものである（同法 228 条 4 項）。

　さらに、文書の成立が認められるときは、原則として記載内容のとおりと推定される[178]。よって、本人又はその代理人の署名又は押印と認められることができるか否かが問題となるが、実社会では「印鑑登録証明書」（日本の場合）や「サイン証明」（欧米諸外国の場合）といった制度が確立されている。

　電子データを裁判上で証拠としてどのように取り扱うべきかという点について、「文書に準じるものとして扱うべきである」とした大阪高裁の裁判例がある[179]。本判例は、文書提出命令に関するケースで、電子データを電

磁的に記録した磁気テープは、民事訴訟法231条の「文書」に準ずるものというべきであるとする。また、磁気テープの提出を命じられた者は、磁気テープを提出するのみでは足りず、その内容を紙面にアウトプットするのに要するプログラムを作成して、これを併せて提出すべき義務を負うとした。

　一方、電子署名法では、上述のように、「電磁的記録であって情報を表すために作成されたもの（公務員が職務上作成したものを除く。）は、当該電磁的記録に記録された情報について本人による電子署名（これを行うために必要な符号及び物件を適正に管理することにより、本人だけが行うことができることとなるものに限る。）が行われているときは、真正に成立したものと推定する。」（同法3条）と規定し、管理が十分にされている電子署名には、通常の署名又は押印と同様の効力を認め、作成者が、その意思に基づき当該電子情報を作成したことを推定する効力を認めた。

　なお、電子署名法3条の適用範囲は私文書であり、公文書については、民事訴訟法231条、228条2項及び3項が適用される。つまり、電子デジタル情報は、改変が容易に行われるので証拠価値は相対的に低いが、電子署名法3条により、電子署名のある電子デジタル情報は、一般の紙の文書と同様の証拠力を与えたものとなったといえよう。

10.6　暗号技術

　一般に、電子署名（electronic signature）とは、さまざまな暗号技術に基づいた電子的に作成された識別子の総称である。とくに、その用いる暗号技術を限定しない意味で広く用いられている。このなかでも、現在最も信頼され、広範囲に利用されている技術が、非対称鍵暗号（公開鍵暗号）方式を用いた電子署名であり、これを特に「デジタル署名」（digital signature）と呼んでいる[180]。

　暗号技術とは、メッセージの暗号化および復号を行う技術のことである。暗号化とはメッセージの文字列（平文）を、暗号鍵を用いて別の文字列（暗号文）に変換することをいい、復号とは、暗号文を復号鍵を用いて元の文字

列に変換することをいう。現在使用されている主な暗号システムとして、対称暗号システム（共通鍵暗号システム）と非対称鍵暗号システム（公開鍵暗号システム）がある[181]。

(1) 対称鍵暗号システム

対称鍵暗号システムでは、暗号化と復号に共通の鍵（共通鍵）を用いる。共通鍵で暗号化したメッセージは共通鍵でしか復号できない。よって、発信者および受信者が共通鍵を所持することによって、通信の秘密を保持することができる。この代表的なアルゴリズムとしては、1977年、アメリカ政府が暗号の標準として採用したDES（Data Encryption Standard, 56bit長）がある。

(2) 非対称鍵暗号システム

非対称鍵暗号システムの代表が、公開鍵暗号（Public Key Cryptosystem/PKC）システムである。公開鍵暗号を用いた技術・製品全般を、一般に公開鍵基盤（Public Key Infrastructure/PKI）と呼び、この方式を公開鍵方式と呼ぶ。このシステムでは、一対の鍵（鍵ペア）を用い、1つの鍵（秘密鍵）を秘密に管理し、この1つの鍵（公開鍵）を一般に公開する。この場合、公開鍵から秘密鍵を割り出すことが極めて困難であるという関係が必要である。このシステムの使用法は2通り考えられ、公開鍵を暗号化鍵とする「暗号モード」と、復号鍵として用いる「認証モード」がある。

暗号モードでは、公開鍵で暗号化したメッセージは秘密鍵でしか復号できない。よって、発信者が受信者の公開鍵を用いて暗号化することができる。この場合、受信者は受信者の秘密鍵で復号することになる。この場合、対象鍵暗号システムに比べ処理速度は遅くなる。一方、認証モードでは、発信者の秘密鍵によって暗号化する。受信者は、発信者の公開鍵を用いて暗号文を復号することになる。このように公開鍵方式は、対になる2つの鍵を使ってデータの暗号化・復号化を行う暗号方式である。秘密鍵で暗号化されたデータは、対応する公開鍵でしか復号できず、公開鍵で暗号化されたデータは対応する秘密鍵でしか復号できない。現在では、この非対称鍵暗号システムである公開鍵方式が一般に使用されており、この代表的なアルゴリズムとして

RSAアルゴリズムがある[182]。

　このほかに、いくつか暗号技術がある。楕円曲線暗号（Elliptic Curve Cryptosystem/ECC）は、1985年にKoblitz氏とMiller氏がほぼ同時に独立に考案した公開鍵型の暗号方式である。楕円曲線と呼ばれる数式によって定義される特殊な加算法に基づいて暗号化・復号化を行う暗号方式で、解読の困難さは、楕円曲線上の離散対数問題を解くのと同程度と言われ、効率のよい解読法はまだ発見されていない。短い鍵で高い安全性が確保でき、また署名時の計算を高速に行うことができるのが特徴で、ICカードや組み込み機器、あまり処理能力の高くない機器での利用に適している。

　ElGamal暗号は、1982年にElGamal氏が開発した公開鍵型の暗号方式であり、離散対数問題と呼ばれる数学の問題を応用した暗号で、平文と乱数と公開鍵から暗号文を作成し、秘密鍵で復号する。楕円曲線暗号の基礎をなす暗号方式として再び注目を集めている。

10.7　公開鍵方式のしくみ

　前節で述べたように、暗号技術を使った公開鍵方式が一般に使用されているが、この節では、具体的に、公開鍵方式の仕組みについて説明しよう。

　たとえば、情報の発信者Aは、Aのみが知りえるAの秘密鍵で、平文を暗号文に変換し受信者Bに送信する。BはAの公開鍵で平文に復号する。この場合、Aの公開鍵でしか復号できない。つまり、Aの公開鍵で復号できるということは、Aが秘密鍵で暗号化したものだということができる。

　この方法により、認証機関が、ある鍵をAの公開鍵であることを証明すれば、受信者Bは送信されてきた情報がAによるものであることがわかる。つまり、公開鍵方式と電子認証制度を用いることにより、① 作成者の認証、② 内容の証明、③ 情報の秘匿、という電子商取引上の3つの目的を達することができる[183]。

　では、どうやって内容の認証を行うのであろうか。通常、内容の認証には電子署名の方式が用いられる。情報の発信者Aは、秘密鍵で暗号化した暗

号文を送信するときに、もとの平文をハッシュ関数とよばれるある関数で圧縮する。圧縮した平文を秘密鍵で暗号化し、これを最初の暗号文に付加し一緒に送信する。

この圧縮された情報は平文に戻して改ざんすることができないので、受信者Bは、公開鍵で復号した情報と、ハッシュ関数で圧縮し暗号化した情報を復号したものとを比較することにより、送信中に途中で情報の改ざんが行われたかどうかを確認することができる。

ハッシュ関数は、メッセージダイジェスト関数とも呼ばれ、与えられた原文から固定長の疑似乱数を生成する演算手法である。生成した値は「ハッシュ値」と呼ばれる。不可逆な一方向関数を含むため、ハッシュ値から原文を再現することはできず、また同じハッシュ値を持つ異なるデータを作成することは極めて困難である。このように、通信の暗号化や、認証やデジタル署名に適している。

次に、受信者Bが送信者Aに返信する場合を考えてみよう。受信者BはAの公開鍵を知っているので、平文をAの公開鍵で暗号化し送信者Aに返信する。この暗号文は送信者Aの秘密鍵でしか復号できないので、返信された情報の秘密性が保たれることになる。

なお、従来における電子署名技術の中心は、公開鍵暗号技術であった。しかし今回の法律では、今後の技術発展により新たな技術が実用化された場合でも、これを「電子署名」として法律上で扱えるよう、公開鍵暗号技術に限定しないという見地から、「技術的中立性」(technological neutrality) を保って電子署名が果たすべき機能という観点から定義されている。したがって、指紋を利用したバイオメトリックス技術に基づく電子署名も、この法律にいう電子署名に該当しうる。

10.8 電子認証制度

電子認証は、公開鍵方式を使用しており電子証明書によって行う。電子証明書の交付を受けようとする者（送信者）は、公開鍵とともに本人であるこ

とを証する書面を、認証機関に提出する。これを受けた認証機関は、申請者の本人確認を行った上で、申請者の公開鍵を入れた電子証明書を発行する。

この電子証明書を、送信する情報とともに一緒に送信することにより、受信者は送信者の公開鍵を入手するだけでなく、送信者の確認が行える。電子証明書とは、認証機関（Certificate Authority/CA）が発行するデジタル署名解析用の公開鍵が真正であることを証明するデータである。

こうした「電子の印鑑登録証明書」を発行する「信頼できる機関」を「認証機関（認証局）」という。電子署名単独では公開鍵が本人のものであるか確認できないが、電子証明書を電子署名に付属させることにより、データが改ざんされていないこととともに、文書の作成者を、認証機関を通して証明することができる。

電子証明書は誰でも作成できるが、電子証明書の信頼性は認証局の信頼性に依存する。したがって、特に、本人確認が重要となる用途では、信頼のある認証機関に電子証明書を発行してもらうことによって、文書の出所を確実にすることが求められる。なお、電子証明書の仕様は、国際電気通信連合（International Telecommunication Union/ITU）-T X.509 で規定されている[184]。

これらの特定認証業務を行おうとする者は、主務大臣の認定を受けることができる（電子署名法4条1項）。また、認定を受けようとする者は、主務省令で定めるところにより、次の事項を記載した申請書その他主務省令で定める書類を主務大臣に提出しなければならない（同法4条2項）。

申請書に記載する事項としては、① 氏名又は名称及び住所並びに法人にあってはその代表者の氏名、② 申請に係る業務の用に供する設備の概要、③ 申請に係る業務の実施の方法、がある。また、認定を受ければ、電子証明書に、認定を受けている旨の表示を付すこともできる（同法13条1項）。

しかし、認定は必ずしも必要ではなく、認定を受けずに認証業務を行うこともできる。なお、認定の有効期間は1年であり、認定の効力を維持するためには更新を必要とする（同法7条1項、電子署名法施行令1条）。

認定を受けるためには、認定の申請が、次の各項目のいずれにも適合しなければならない。それらの項目とは、① 申請に係る業務の用に供する設備が、主務省令で定める基準に適合するものであること、② 申請に係る業務における利用者の真偽の確認が、主務省令で定める方法により行われるものであること、③ 上記のほか、申請に係る業務が、主務省令で定める基準に適合する方法により行われるものであること、の3項目である。

これらの基準、方法の詳細は、「電子署名及び認証業務に関する法律施行規則」および「電子署名及び認証業務に関する法律に基づく特定認証業務の認定に係る指針」に詳しい。なお、これら申請に関しては、総務省の電子署名・電子認証ホームページが有用である[185]。

10.9　商業登記法

電子認証制度の整備の一環として、商業登記法の改正により、商業登記制度に基礎を置く電子認証制度が導入された（商業登記法等の一部を改正する法律1条）。これにより、指定商業登記所において、公開鍵とともに、一定の商業登記事項情報を含む電子証明書を発行することができる。ここでは、商業登記法における電子認証制度について説明しよう。

商業登記所の登記官が、会社の代表者その他登記所に、印鑑を提出した者から公開鍵の届出を受けた場合、この公開鍵が、当該印鑑提出者のものであることを証明するとともに、その者に係る重要な登記事項を証明する電子証明書が発行される（商業登記法12条の2第1項）。

登記所の発行する電子証明書には、会社の商号、本店所在地、代表者の氏名をはじめ商業登記簿に記載されている一定の事項も記載されており、これらの属性証明が可能である。また、登記官が電子証明書によって証明する事項について、一定期間は誰でも登記官に対し、証明事項に変更があるかどうかをオンラインで照会できる（同条の2第8項・9項）。

具体的な利用・発行手順は、次のとおりである。① 会社の代表者等の印鑑提出者が、申請書に実印を押捺し、公開鍵を記録したメモリーを管轄登記

所に提出する。② 登記所では、実印の照合確認を行い、印鑑提出者に電子証明書を送付する。③ 印鑑提出者は、送信された電子情報を保存し、必要に応じて取引の相手方に送信する。④ 取引の相手方は、登記官に対し、証明事項に変更がないかをオンラインで照会し、最新の登記情報に基づき取引を行う[186]。

また、同様に、公証人法および民法施行法の改正により、公証人制度に基礎を置く電子公証制度も導入された（商業登記法等の一部を改正する法律2条）。この電子公証制度の内容は、① 電子私署証書の認証、② 電子確定日付の付与、③ 電磁的記録の保存、である。このうち、① と ② は従来から行われてきたものであるが、これを電磁的記録にまで拡張させたものである。

電子私署証書の認証とは、指定公証人の目前で、電磁的記録に記録された情報に電子署名を行う、もしくは電子署名をしたことを自認すれば、電磁的記録に認証が与えられるというものである（公証人法62条の6）。この認証によって、文書の認証と同様、当該電子署名の成立の真正の証明ができることとなる。

また、電子確定日付の付与も、電磁的記録に指定公証人が日付情報を付した場合、これが確定日付のある証書とみなされる（民法施行法5条）。この制度は、特に債権譲渡の電子化に大きく資する。たとえば、債権譲渡において、第三者対抗要件具備のために確定日付のある証書が必要だが、これにより債権譲渡取引のすべてをオンラインで行える[187]。

電磁的記録の保存については、上記 ①、② の対象になった電磁記録について、ハッシュ関数で圧縮した情報の保存、請求があった場合には電磁的記録と同一の内容の情報も保存されることとなった（公証人法62条の7、民法施行法7条1項）。これにより、電磁的記録の存在、内容変更の有無につき後日紛争が生じた場合でも、当該電磁的記録の存在、内容等の立証が行えるようになった。

また、同法は、国の認定を受けた業者のみならず、国の認定を受けていない業者でも認証業務をなすことを認め、その認証の効力についても、国の認定を受けているか否かで法的な差異は設けないこととした。

10.10 電子決済

　商品の代金支払を、電子的に行う方法が電子決済である。ICカード技術やインターネット上の情報セキュリティ技術が最も必要な分野である。たとえば、自宅からインターネット経由で商品を注文し、その代金をクレジットや銀行口座の引き落としで支払いができるという便利さがある。

　資本主義社会においては、銀行の決済機能は著しく重要である。その決済システムの混乱は、日常生活に大きな混乱を与える。銀行による決済については UCC 第 4 編（銀行預金および取立て、Bankdeposits and Collections）が詳細に規定しているが、伝統的には、第 3 編（流通証券、Negotiable Instruments）を利用して行われる。1990 年代に、銀行の決済機能に Fedwire（連邦決済システム）や CHIPS（ニューヨーク州決済システム）が導入された。これらの登場により、決済をめぐる紛争の処理の仕組みが大きく変わり、取引の類型が 3 つの事例に集約され（UCC § 4A-104 Official Comments）、新しい法原理が必要とされた。1994 年に、それを規定したのが UCC 第 4A 編である。

　なお、UCC4A 編は、銀行取引にだけ適用される。クレジットカードの取引でも同じような電子的決済システムが使われるが、これには本編の適用はない。とくに、消費者取引の決済の場合には、連邦の消費者信用保護法（Consumer Credit Protection Act/CCPA）の適用がある。なお、UCC4A 編は、電子決済に関する一般法であり、Fedwire や CHIPS の独自の規則がある場合には、そちらが優先的に適用される。

　電子決済は、通常、通信回線を用いた非体面で行われ、相手方やその送受信したメッセージの内容を直接確認できないため、対面での決済にはないリスクが存在する。これは、通信の途上におけるデータの変質、改ざん、欠落、未着、盗聴、または第三者によるなりすまし、をはじめとするリスクである。とくに、インターネットのようなオープン・ネットワークを使った電子決済は、不特定の者がアクセスできる環境にあるため、そのリスクも大き

い。

　電子決済は、通常の決済同様、十分な安全性・確実性が求められる。UCC § 4A-201（安全確保手続、Security Procedure）では、安全確保手続について規定している。本条では、まず、安全確保手続は、① 支払指図を修正する、もしくは解除する支払指図または伝達が顧客のものであることを確認する、または、② 転送または支払指図、もしくは伝達の間違いを発見するために、顧客と受理銀行（receiving bank）との合意によって確立された手続きを意味する、と定義している。UCCのオフィシャルコメントでは、この合意の重要性を強調している。

　さらに、UCC § 4A-201では、安全確保手続は、アルゴリズムもしくは他のコード、識別文字もしくは番号、暗号文（encryption）、コールバック手続き、または類似の安全確保の工夫（devices）の使用を要求することができる、と規定している。安全確保手続の安全確保の工夫のひとつが、コンピュータによる電子署名および電子認証の制度でありその技術である。

　ネットショッピングでの決済方法は、銀行振込、郵便振替、代金引換といった従来の決済手段に加え、クレジットカード、デビットカード、電子マネー、エスクローサービスが挙げられる。その中でも、近時、クレジットカード決済が主流を占めている。前述したようにクレジットカード決済については、アメリカのUCCに規定がなく、その扱いは連邦消費者信用保護法に委ねられているが、クレジット決済について具体的に説明しておこう。

　一般に、販売店がカード会社との間で加盟店契約を締結すると、販売店（加盟店）で、カード会社のクレジットカードに利用があった場合、販売店はカード会社から代金から手数料を引いた金額の支払いを受けることができる。一方、カード利用者は、カード会社とカード利用契約を締結することで、クレジットカードの交付を受け、このカードを加盟店で提示し、サインを行うことと引き換えに、商品等を購入し、あらかじめ定められた決済日に購入者の指定銀行口座から代金が引き落とされ、カード会社へ支払いがなされる。

　ネットショッピングでのクレジットカード決済も、仕組みとしては従来

のクレジットカード決済と何ら変わるところはない。異なる点は、ネットショッピングは対面取引ではないため、カードの提示・サインという手続きの代わりに、購入者がクレジットカード番号を画面上にインプットする点である。この場合、クレジットカード番号の漏洩によるクレジットカード不正利用の危険が大きい。

とくに、銀行のキャッシュカードと異なり、クレジットカード番号には暗証番号としての機能はなく、不正利用の危険性は銀行カードよりも大きい。近時、スパイウェアによる情報の漏洩が問題となっている。これについて、割賦販売法30条の4では、「指定商品の販売に関して、不正使用等の販売者との間に生じている事由をもって、利用者は支払いを請求するクレジット会社に対抗することができる。」としている。

なお、無権限者が真正なキャッシュカードを使い、正しい暗証番号を入力してキャッシュディスペンサーから預金の払戻しを受けた事件で、約款に基づく銀行の免責の可否が争われた。最高裁は、「真正なキャッシュカードが使用され、正しい暗証番号が入力されていた場合には、……特段の事情がない限り、銀行は、現金自動支払機によりキャッシュカードと暗証番号を確認して預金の払戻しをした場合には責任を負わない旨の免責約款により免責される。」と判示した[188]。この問題は、2006年2月施行の預金者保護法で、一応の解決をみた。

日本型デビットカードは、銀行や郵便局のキャッシュカードがそのまま使えることに特徴がある。この場合、キャッシュカードをデビットカードとして使用する場合、販売店でカードリーダーに挿入し、暗証番号をインプットしなければならない。これにより、金融機関のコンピュータに問い合わせが行き、そこで利用者の口座残高のチェックを行い、利用者が「確認」ボタンを押すことにより、利用者の口座から販売者の口座に振替えがなされる仕組みである。

オンラインでのデビットカード決済は、以下の手順を踏む。① 指定銀行に預金口座を開設するとともに暗証番号を登録する。② 自己のコンピュータにオンラインデビット決済のための専用ソフトをインストールし、ユーザ

ID、パスワードを登録する。③ 指定銀行から本人確認のための証明書を取得する。④ 電子店舗で買い物をする場合、専用ソフトを開いて証明書を相手方に送って本人確認を行った上で、指定銀行口座の暗証番号をインプットし代金を支払う。

イギリスでは、1974年消費者信用法（The Consumer Credit Act 1974）が改正され、2006年5月に2006年消費者信用法（The Consumer Credit Act 2006）が制定された。この法律の主な改正点は、透明な市場を実現するための情報開示や広告規制に関するルール、公正な市場を創造するための免許制の強化、不公正テストの導入、および25,000ポンドの適用上限の廃止やオンブズマン制度の導入である。また、わが国では2006年5月に、大きく消費者契約法が改正された。このように、各国で法整備が進められている。

近時、エスクローサービスが、ネットオークションで使われるようになってきた。エスクローサービスとは、エスクローサービス提供会社が販売店と購入者の間に立ち、商品発送と送金を行う方法である。

具体的には、以下の手順を踏む。① 販売店は、利用できるエスクローサービス提供会社を指定する。② 購入者は販売店より指定のあったエスクローサービス提供会社のうち1社を選び、同社指定口座へ代金およびエスクローサービス手数料を振り込む。③ エスクローサービス提供会社は、振込みのあったことを販売店へ通知する。④ 販売店はエスクローサービス提供会社へ商品を渡し、エスクローサービス提供会社が商品を購入者に引き渡す。⑤ 商品の到達が確認された時点でエスクローサービス提供会社は代金を販売店へ送金する[189]。

10.11　電子マネー

最後に、電子マネーについて説明しよう。電子マネーとは、貨幣価値をデジタルデータで表現したものである。クレジットカードや現金を使わずに、買い物をしたり、インターネットを利用した電子商取引の決済手段として使われる。専用のICチップに、貨幣価値データを記録するICカード型電子マ

ネーと、貨幣価値データの管理を行うソフトウェアを、パソコンに組みこんでネットワークを通じて決済を行うネットワーク型電子マネーの2種類がある。

前者の代表例は、モンデックス・インターナショナル（Mondex International）社（Master Card International 社傘下）の「Mondex」（モンデックス）や、VISA インターナショナル（VISA International）社の「VISA Cash」がある。後者の代表例は、サイバーキャッシュ（CyberCash）社の「CyberCoin」（サイバーコイン）やディジタル・イクイップメント社（DEC、現ヒューレット・パッカード社）（現在は KDD コミュニケーションズが運営）の「Millicent」（ミリセント）がある。

なお、電子マネーとは、「証票、電子機器その他の物に電磁的方法（電子的方法、磁気的方法その他の人の知覚によって認識することができない方法をいう。）により入力されている財産的価値であって、不特定又は多数の者相互間での支払いのために使用できるもの」[190]に該当する。電子マネーは、デビットカードと混同されることがあるが、まったく異なるものである。

デビットカードは、カードそのものに財産的価値が直接入力されているわけではなく、あくまで銀行口座にある財産を、カードを用いて移動しているに過ぎない。しかし、電子マネーは、あらかじめ任意の金額をカードに移しておくものであり、カード自体に財産的価値を有する。また、電子マネーは、デビットカードと異なり、匿名性、流通性を有する。

IC カード型電子マネーは、IC カードを利用した電子マネーシステムであり、IC カードに、貨幣価値を表わす残額データを記録しておき、商店での支払いや銀行口座からの引き出しに連動して、それを増減させる。保有する現金に連動するように作られたシステムで、クレジットカードを利用したシステムと違って決済データを集中管理せず、その場で即時決済を行うシステムになっている。現実の貨幣を、電子機器の組み合わせに置き換えて利便性を高めたシステムと言える。

簡単な装置で決済ができるため、商店での導入が容易で、個人間での貨幣

情報の譲渡も可能である。また、与信管理や決済を行う中央システムが存在しないため、カード発行枚数が増加してもシステム全体の負担は増加せず、取引における匿名性が保たれることが大きなメリットである。

しかし、現金を持ち歩くのと変わらないため、クレジットカード型の電子マネーに比べて偽造に弱く、また、カードを紛失すると記録されていた貨幣情報も失われてしまう。拾ったカードを悪用されるリスクも、クレジットカードに比べ高い。JR 東日本の「Suica」のイオカード機能も IC カード型電子マネーの一種である[191]。

一方、ネットワーク型電子マネーは、インターネット上の電子商店で支払いを行うための電子マネーシステムである。利用者はあらかじめ専用のウォレットソフト（電子財布）をコンピュータに導入しておき、自分のクレジットカードや銀行口座から使用する分の金額情報をウォレットソフトに保管しておく。電子商店で買い物をするときは、ウォレットソフトが商店側システムに入金を通知し、同時に自らが保管している貨幣データを減少させることにより、支払いを行う。

クレジットカードによる決済に比べて、与信管理の運用コストがかからないため、決済コストが低く、Web コンテンツの販売の数百円未満の少額決済に向いている。しかし、アメリカでは、オンラインでもクレジットカードによる決済が当たり前になっていることや、ウォレットソフトを入手して導入する手間、各社の決済方式に応じて異なるウォレットソフトをいくつも用意しなければならない煩雑さが嫌われ、ほとんど普及していない。

ネットワーク型電子マネーの先駆的なものは、オランダのデジキャッシュ社の「e キャッシュ」であろう。その具体的な使用方法は次のとおりである。① 自己のコンピュータで専用ソフトを用いて「e キャッシュ」取扱銀行に開設された自分の預金を e キャッシュに両替する。②「e キャッシュ」を自分のディスクに保管する。③ 電子店舗で買い物をする場合、これを送信して決済する。

e キャッシュを受信した者は、銀行の公開鍵を使用して銀行の電子署名を確認した後、発行銀行に問い合わせをして e キャッシュの有効性の確認を受

164　第10章　電子署名と電子認証

け、銀行より自己の口座に入金を受ける[192]。

　このように利便性の高い電子マネーであるが、いくつかの問題を抱えている。ひとつが、偽造の危険性である。電子マネーはデジタルデータであるため、暗号化が不可欠であるが、暗号の解読による偽造のリスクがつきまとう。誰がそのリスクを負うかという危険負担の問題が生ずる。また、偽造だけではなく、電子マネーのデータそのものが破壊された場合、その損失に対する負担は誰が負うかという問題も内在する。

　さらに、デビットカードと異なり、電子マネーは匿名性を有する。この匿名性により、マネーロンダリングや脱税の手段に悪用される危険性をはらんでいる。同様に、国際間で電子マネーが使用される場合、課税対象として把握することが困難であり、国際課税のルールの見直しも必要であろう。

　このように、新たな技術が開発され、さまざまな方法が考案されているなか、電子署名および電子認証制度を取り巻く環境も大きく変わることが予想される。

注

(169) 経済産業省ホームページ（http://www.meti.go.jp/policy/netsecurity/digitalsign.htm）（2006年12月4日アクセス）。
(170) 内田＝横山・前掲（9）167頁。
(171) 辛島睦＝飯田耕一郎＝小林善和『Q&A 電子署名法解説』（三省堂、2001年）58頁。
(172) Civil Code Section 1633.1–1633.17 (Uniform Electronic Transaction Act).
(173) California Government Code 16.5, 1995 (Digital Signature Act).
(174) この要件とは、①利用する当事者にとってユニークなもの、②証明可能であること、③利用者だけのコントロール下に置かれること、④データが変更されたり、有効でなくなった場合には、それがデータに関連付けられること、⑤州の長官によって採択された規則を遵守すること（日本情報処理開発協会「PKIの市場及びビジネスに関する調査報告書」（日本情報処理開発協会、2002年）24頁）。
(175) ユタ州デジタル署名法（Utah Digital Signature Act）、カリフォルニア電子署名法（California Government Code 16.5, 1995 (Digital Signature Act)）、フロリダ州電子署名法（Electronic Signature Act of 1996)、イリノイ州電子商取引安全法（Illinois Electronic Commerce Security Act）、ミネソタ州電子認証法（Minnesota Electronic Authentication Act）、ミシシッピ州デジタル署名法（Digital Signature Act of 1997)、ニューヨーク州デジタル署名法（Digital Signature Act)、オレゴン州署名法（1997 Oregon House Bill 3046）、テキサス州署名規制法（1997 Texas H.B. 984）、バーモント州署名法（1997 Vermont House Bill 60）、ワシントン州電子認証法（Washington Electronic Authentication Act）がある。（総務省ホームページ、http://www.soumu.go.jp/kokusai/html）（2006年12月4日アクセス）。
(176) The Electronic Signatures in Global and National Commerce Act:E-Sign Act, 15 U.S.C.Section

7001 et seq.
(177) これは、イギリスの詐欺防止法（Statute of Frauds, 29 Car. c.3 ［1677］）に由来するものといわれている。いわゆるコモン・ローの重要な一般原則であり、UCC において最も重要な規定である（田島裕『UCC2001 ―アメリカ統一商事法典の全訳』（商事法務、2002 年）30 頁）。
(178) 最判昭和 32 年 10 月 31 日民集 11 巻 10 号 1779 頁。
(179) 大阪高決昭和 53 年 3 月 6 日高民 31 巻 1 号 38 頁（判時 883 号 9 頁）。
(180) 渡邉新夫＝小林覚＝高橋美智留『電子署名・認証（法令の解説と実務）』（青林書院、2002 年）16 頁。
(181) 渡邉＝小林＝高橋・前掲注（180）8 頁。
(182) RSA は、Ronald Rivest、Adi Shamir、Leonard Adleman の 3 人が 1978 年に開発した公開鍵暗号方式のひとつである。開発者の名前をとって名付けられた。RSA 暗号を解読するには、巨大な整数を素因数分解する必要があり、効率の良い鍵の発見方法はまだ見つかっていない。RSA 暗号に関する特許は RSA データセキュリティ（RSA Data Security）社が保有していたが、2000 年 9 月に期限切れを迎えた。
(183) 中島章智編著『図解 e ビジネス・ロー』（弘文堂、2001 年）47 頁。
(184) 電子鍵証明書および証明書失効リスト（CRL）の標準仕様。ITU が 1988 年に勧告した。現在広く用いられているのは 1996 年に勧告された X.509v3 で、これは証明書に拡張領域を設けて、証明書の発行者が独自の情報を追加できるようになっている。
(185) 総務省（http://www.soumu.go.jp/joho_tsusin/top/ninshou-law）（2006 年 12 月 4 日アクセス）。
(186) 中島・前掲注（183）53 頁。
(187) 中島・前掲注（183）54 頁。
(188) 最判平成 5 年 7 月 19 日判時 1489 号 111 頁；民法 478 条。
(189) 中島・前掲注（183）59 頁。
(190) 外国為替及び外国貿易法 6 条 1 項 7 号ハ。
(191) IT 用語辞典 e-Word（http://e-words.jp/w/）（2006 年 12 月 4 日アクセス）。
(192) 中島・前掲注（183）62 頁。

第 11 章

プロバイダ責任制限法

《本章のねらい》

　インターネット上のホームページや、電子掲示板の書き込みで、名誉毀損やプライバシーの侵害をはじめとする他人の権利の侵害が行われることがある。このときのインターネット・サービス・プロバイダ（ISP）の責任はどうなるのであろうか。
　この問題に対し、法的に解決を試みたのが「プロバイダ責任制限法」である。
　本章では、プロバイダ責任制限法を中心に、プロバイダの法的責任について考えることにしよう。

11.1 プロバイダの責任

　第2章2.4節「インターネット上の名誉毀損事例」では、インターネット上のホームページや掲示板上で名誉毀損的書き込みがあった場合のプロバイダの責任について触れたが、インターネット上の書き込みは、名誉毀損的なものだけではない。名誉毀損以外にも、他人のプライバシーの侵害や著作権の侵害のように他人の権利の侵害が行われることがある。権利侵害を行った者（発信者）と権利侵害を受けた者のほかに、通信に関与しているインターネット・サービス・プロバイダ（ISP）や電子掲示板管理者、サイト管理者、サーバ管理者（以下、「ISP」という。）の責任はどうなるのであろうか。この章では、インターネット上でのこれら他人の権利の侵害がなされた場合のISPの責任について詳しく見ていくことにしよう。

　たとえば、ある者（発信者）が、電子掲示板（Bulletin Boad System/BBS）に、特定の人の名誉を毀損する書き込みをした場合を考えてみよう。この電子掲示板には、電子掲示板の管理者、サイト管理者、サーバ管理者のようなISPが複数存在するであろう。この場合、名誉毀損を受けた者（被害主張者）は、発信者に対して、名誉毀損の書き込みの削除を求めるにちがいない。しかし、発信者は匿名の場合が多く、被害主張者はISPに対して削除を求めることになる。また、誰が書き込みをしたのか、情報の開示を求めることになろう。

　権利救済を求められたISPの行為は、被害主張者の要求通り、名誉毀損的な書き込みを削除したり、また発信者の個人情報を通知することが考えられる。しかし、権利侵害であると判断して書き込みを要求通り削除したが、実は権利侵害とは認められない場合、逆に発信者から表現の自由の権利侵害により訴えられる可能性がある。一方、権利侵害でないと判断して放置しておいたが、実は権利侵害であった場合、ISPは、被害主張者から、当該書き込みを削除しなかったことが権利侵害であったと訴えられる可能性がある。

　実際の紛争では、名誉毀損、プライバシー侵害、著作権侵害をはじめとす

る他人の権利の侵害が、果たして本当にあるのかどうか明白でない場合が多く、権利侵害の有無を判断することは非常に難しい。このためISPは、権利侵害かどうかの判断をめぐって、被害主張者と発信者との板ばさみになる可能性がある[193]。

　発信者が匿名である場合、ISPが、被害主張者の要求通り、発信者の氏名や住所を被害主張者に開示した場合はどうであろうか。ISPが発信者の情報を持っていなければ、開示することはできないが、通常、ISPは、何らかの発信者情報を保有している。特定の通信の発信に関する情報を開示することは、発信者の匿名による表現の自由、あるいは通信の秘密の観点から慎重な対応が必要となる。このように、ISPは、発信者と被害主張者の権利主張の間に立つことになる。

　このような問題に対し、法的に解決を試みたのが「特定電気通信役務提供者の損害賠償責任の制限及び発信者情報の開示に関する法律」であり、一般に「プロバイダ責任制限法」と呼ばれている。

　同法の目的は、特定電気通信による情報の流通によって権利の侵害があった場合について、特定電気通信役務提供者の損害賠償責任の制限および発信者情報の開示を請求する権利につき定めるものであるとしていることにとどめ（同法1条）、最終的に達成しようとする目的については触れられていない。

　同法は全4条の短い法律であり、ISPの責任制限の実質的条文は3条（損害賠償責任の制限）と4条（発信者情報の開示請求等）にあるが、同法を正確に理解するのは容易ではない。次節以降、詳しく見ていくことにしよう。

11.2　特定電気通信

　同法3条と4条の対象は、いずれも「特定電気通信」であり、インターネット上の通信のすべてが対象となるわけではない。つまり「特定電気通信」とは通信の一部であり、「不特定の者によって受信されることを目的とする電気通信の送信（公衆によって直接受信されることを目的とする電気通

信の送信を除く。)」と定義される（同法2条1号）。

なお、「電気通信」とは、電気通信事業法に規定する電気通信であり、「有線、無線その他の電磁的方法により、符号、音響または映像を送り、伝え、又は受け取ること」である。よって、同じ掲示板でも、大学や駅構内の掲示板は該当しない[194]。

電気通信のうち特定電気通信に該当するものは送信のみであり、もっぱら受信しているだけでは特定電気通信とはならない。また、特定電気通信に該当するのは、不特定の者によって受信されることを目的とする電気通信の送信だけであり、受信者が特定される場合は除く。よって1対1の電話はこの定義から除かれる。このように、不特定の者によって受信されることを目的とするものはホームページ、電子掲示板、チャットが考えられる。

なお、プロバイダ責任制限法2条1号に「公衆によって直接受信されることを目的とする電気通信の送信を除く。」とあるが、これは放送法上の「放送」、有線テレビジョン放送法上の「有線放送」、電気通信役務利用放送法上の「電気通信役務利用放送」を意味している。したがって、テレビ放送やラジオ放送、有線ラジオ放送、衛星放送、ケーブルテレビ放送は、特定電気通信から除かれる。

このような特定電気通信の定義で問題となるのが、迷惑メール、メーリングリスト、メールマガジン、インターネット放送である。

電子メールは、特定の相手方に対して送信されるので、特定電気通信には該当しないが、迷惑メールの場合、不特定多数の人に対して大量に送信されることになる。総務省は、たとえ迷惑メールであっても、個々に見れば特定の相手方に送信されているという解釈をしている。

しかし、送信者は特定の受信者を想定しておらず、また電子掲示板は、閲覧してはじめて見ることができるが、迷惑メールは受信者のメールボックスまで送り届けられるので、その被害はより大きいと思われる。よって、迷惑メールも事案によっては特定電気通信に該当すると解釈する余地も残されているであろう。

他方、メーリングリストやメールマガジンはどうであろうか。会員制のも

のは特定電気通信には該当しない。しかし、メーリングリストへの加入やメールマガジンの購読申し込みが完全にオープンかつ匿名であり、発信者から見ても個々の受信者が判別できない場合には、迷惑メールと同様に特定電気通信に該当する可能性もある[195]。

インターネット放送は、総務省の見解によると、インターネットを利用しているので放送ではなく通信であり特定電気通信に該当すると解釈されている。しかし、今後、放送と通信の融合により、その境界は、あいまいになってくるであろう。

11.3　特定電気通信設備と特定電気通信役務提供者

プロバイダ責任制限法2条は用語の定義であるが、本法を正しく理解するためには、これらの用語を正確におさえておく必要がある。たとえば、「特定電気通信設備」とは、特定電気通信の用に供される電気通信設備（電気通信事業法第2条第2号に規定する電気通信設備をいう。）をいう（同法2条2号）。

この電気通信事業法2条2号に規定する電気通信設備とは、「電気通信を行うための機械、器具、線路その他の電気的設備」であり、電気通信が可能な状態に構成されていれば、これらはすべて電気通信設備である。このような電気通信設備のうち、特定の用に供されるものが特定電気通信設備である。これは、特定電気通信（不特定の者に対する電気通信の送信）に用いることのできる電気通信設備であり、インターネット通信に必要なサーバ類がこれに該当する。

「特定電気通信役務提供者」とは、「特定電気通信設備を用いて他人の通信を媒介し、その他特定電気通信設備を他人の通信の用に供する者」である（同法2条3号）。「他人の通信を媒介する」とは、他人の依頼を受けて、情報をその内容を変更することなく、伝送・交換し、場所的に離れた者の間の通信を取り次いだり、仲介することをいう。ただし、特定電気通信設備を用いて媒介することが必要なので、サーバのような不特定の者への送信

に使える電気通信設備を使用していることが条件となりISPがその代表である(196)。

次に、「他人の通信の用に供する」とは、特定電気通信設備を他人のために運用することをいい、直接他人に利用させることも含まれる。また、「他人の通信」には、自己と他人との間の通信も含まれる。なお、これらの設備の所有者と特定電気通信役務提供者とは直接関係がない。つまり、リース会社（所有者）からサーバを借りていても特定電気通信を行えば、その運営者が特定電気通信役務提供者となる。

特定電気通信役務提供者は、法人や団体である必要はなく、個人であってもよい。また、通信事業者にも限定されておらず、営利を目的とすることも要求されていない。このように特定電気通信役務提供者はかなり範囲が広い。

では、一般の企業の社内LANの場合、企業は特定電気通信役務提供者となりえるのか。通常、社内LANの場合、企業は自己の管理運営するサーバを自己の通信のみ使用しており他人の通信の用には供していない。しかし、LANの中には、従業員が、自由に書き込みができる電子掲示板を開設している場合がある。

この場合、いかに企業の従業員といえども、その企業の業務に関係のない通信を行っている限りでは他人とみるべきであり、電子掲示板の運営者である企業は、他人の通信を媒介する者として、特定電気通信役務提供者にあたると思われる(197)。

特定電気通信役務提供者である会社に雇用されて、特定電気通信の管理運営を担当している従業員個人が、特定電気通信役務提供者に該当するであろうか。一般に、従業員個人も特定電気通信役務提供者にあたると考えられている。しかし、従業員が、一定の権限や独立の裁量が与えられている場合はともかく、上司の指示に従って作業のみを行い、運営についての裁量・権限が与えられていない場合は、特定電気通信役務提供者に該当しないと見るべきであろう。なお、業務委託の場合も、同様に考えることができる。

自己のサーバを用いて、自己のコンテンツをインターネット上に提供する

コンテンツプロバイダも特定電気通信役務提供者に該当する。なおコンテンツプロバイダは、次節の「発信者」にも該当するので、同法 3 条（損害賠償責任の制限）は適用されない。また、外国に営業所のある ISP も、特定電気通信役務提供者に該当する。ただし、準拠法の問題と裁判管轄の問題が発生する（詳しくは、第 14 章を参照）。

11.4　発信者

　発信者とは、「特定電気通信役務提供者の用いる特定電気通信設備の記録媒体（当該記録媒体に記録された情報が不特定の者に送信されるものに限る。）に情報を記録し、又は当該特定電気通信設備の送信装置（当該送信装置に入力された情報が不特定の者に送信されるものに限る。）に情報を入力した者」をいう（同法 2 条 4 号）。

　記録媒体につき「当該記録媒体に記録された情報が不特定の者に送信されるものに限る。」という制限は、サーバに複数のハードディスクが備え付けられており、一方のディスクに記録された情報は、不特定多数の者に発信されるが、他方のディスクに記録された情報は、ディスク内に蓄積されるだけで、外部に送信されないというケースである。この場合、後者のディスクにいくら情報を記録しても、発信者には該当しない。

　同様に、「当該送信装置に入力された情報が不特定の者に送信されるものに限る。」という意味は、非蓄積型の特定電気通信（たとえば、リアルタイムのストリーミング送信）で、ストリーム・サーバの送信装置に情報を入力し、直ちに不特定多数の者に送信されて、記録が蓄積されない場合である。このような場合、送信装置に情報を入力した者は、発信者に該当する[198]。

　なお、送信装置に情報が入力されるまでに複数の人が関与した場合、誰が発信者になるかが問題となる。このような場合、「情報を流通過程に置く意思を有していた者」が、発信者の認定に重要な役割を果たすことになる。この場合、各当事者の地位の独立性、裁量権、指揮命令関係、利益の所在を事

案ごとに考慮されるべきである。

では、従業員が会社の業務として情報の記録・入力を行った場合はどうであろうか。基本的には、会社を発信者と見るべきであるが、その内容が従業員の個人的な原因によるものである場合は、その従業員を発信者と見るべきである。ただし、会社の使用者責任（民法715条）をも考慮しなければならない。通常、今までの判例では「事業の執行につき」の要件は広く解釈されてきたので、プロバイダ責任制限法の「発信者」の解釈に当たっても、このような被害者保護の要請を優先させて、会社の「発信者」の該当性が、広く認められる可能性がある[199]。

業務委託で、委託元の会社から送信された、または指示された情報をそのまま記録・入力しているような委託先に情報の取捨選択の権限・裁量があたえられていない場合は、委託元の会社を発信者と見るべきであろう。しかし、委託先に権限・裁量があたえられている場合は、委託先を発信者と見るべきである。

サービス・プロバイダやサーバ管理者は、特定電気通信役務提供者であり、発信者ではない。しかし、著作権や特許権の侵害が問題となる事案では、他人がISPのサーバに情報をアップロードし、ISPがそれを知らない場合であっても、ISPの権利侵害の主体とされ、差止請求を受ける可能性がある。

この根拠は何であろうか。インターネットにおける著作権侵害は、自動公衆送信権（著作権法2条1項9号の4）、送信可能化権（同法2条1項9号の5）を含む公衆送信権が明確に保護されており（同法23条）、加害者と共謀がなく、かつ、送信内容を知らないISPについても、「自動公衆送信」の主体になると解されているので、この送信がISPの「作為」になるという考え方（積極説）が有力である[200]。

この積極説では、被害主張者から、差止請求権（同法112条）の行使である削除請求がなされた場合、情報に著作権侵害が認められれば、ISPに対する削除請求が認められる。この場合、ISPに過失がないときは、損害賠償請求や謝罪広告掲載は認められない。よって、ISPは、権利侵害情報が著作権

侵害の場合、過失で削除しないようにすることが重要である。

　一方、ISPは公衆送信の主体にはならず、著作権以外の場合と同様、削除しない不作為の不法行為の成立だけを考えればよいとする消極説がある。また、容易に、サーバに蓄積された情報を認識し削除をすることができる場合のみ、ISPは、公衆送信の主体になるとする中間説もある。

　これに対し、プロバイダ責任制限法の発信者の定義は、侵害情報の記録または入力という行為であるので、著作権・特許権の侵害主体と発信者を同様に考える理由はなく、また、情報がアップロードされたことを知らないISPに、権利侵害情報を流通に置く意思があったともいえない。よって、たとえ著作権や特許権の侵害事案であったとしても、ISPを発信者と見るべきではないようである[201]。サイバーモール運営者は発信者となるであろうか。たとえば、他の事業者（ショップ）を集めてサイバーモールを運営している場合であって、ショップから送信された商品情報を自己のサイトにそのまま掲載するときは、モール運営者は発信者に該当するであろうか。この場合、モール運営者は特定電気通信役務提供者にすぎないとするか、モール運営者を発信者とみるかであるが、これを決定するのは、誰が「商品情報を置く意思」を有していたかである。

　モール運営者は、明らかに商品情報を置く意思を有しており、それによって利益を受けている。この考え方によれば、モール運営者はサイバーモールの商品を十分に管理することが必要になると同時に、モール運営者は発信者に該当する。この問題は、最終的には事案ごとに司法の判断に委ねられることになろう。

11.5　損害賠償責任の制限

　プロバイダ責任制限法は、ISPの責任制限を法定化し、責任を負わない範囲を一定程度明確化したものである。同法3条1項では、「特定電気通信による情報の流通により他人の権利が侵害されたときは、当該特定電気通信の用に供される特定電気通信設備を用いる特定電機通信役務提供者（関係役務

提供者）は、これによって生じた損害については、権利を侵害した情報の不特定の者に対する送信を防止する措置を講ずることが技術的に可能な場合であって、次のいずれかに該当するときでなければ、賠償の責めに任じない。」とし、一定の場合については、ISP の責任を制限している。

その一定の場合とは、「① 当該関係役務提供者が当該特定電気通信による情報の流通によって他人の権利が侵害されていることを知っていたとき、② 当該関係役務提供者が、当該特定電気通信による情報の流通を知っていた場合であって、当該特定電気通信による情報の流通によって他人の権利が侵害されていることを知ることができたと認めるに足りる相当の理由があるとき」である。

つまり、同法 3 条 1 項では、特定電気通信による情報の流通により、他人の権利が侵害されているにもかかわらず、ISP が送信防止措置をとらなかった場合の、被害者に対する責任を制限する規定である。

同法 3 条 1 項の 1 号も 2 号も、ISP が、少なくとも情報の流通自体は認識していることが前提になっているが、ISP には問題となるような情報がないかどうかを監視する義務はないことは明確である。

なお、同法 3 条 1 項 2 号の「他人の権利が侵害されていることを知ることができたと認めるに足りる相当の理由」とは、「通常の注意を払っていれば知ることができたと客観的に考えられること」であり、「相当の理由」要件は、民法 709 条の過失要件とほぼ同様と考えて差し支えないであろう。

たとえば、他人を誹謗中傷する情報が流通しているが、関係役務提供者に与えられた情報だけでは、当該情報の流通に違法性があるかどうか分からず、権利侵害に該当するか否かについて、十分な調査を要する場合や、流通している情報が、自己の著作物であるとの連絡があったが、当該主張について何らの根拠も提示されていないような場合は、「相当の理由」があるとはいえない[202]。

当規定は、ISP の免責要件を定めたものではなく、ISP に損害賠償責任が発生するための必要最低条件を示したものであり、各号の事由は被害主張者が、立証責任を有することに注意を要する。

11.5 損害賠償責任の制限

では、ISP が情報の送信を防止する措置を講じた場合の損害賠償については、どうであろうか。同法3条2項では、「特定電気通信役務提供者は、特定電気通信による情報の送信を防止する措置を講じた場合において、当該措置により送信を防止された情報の発信者に生じた損害については、当該措置が当該情報の不特定の者に対する送信を防止するために必要な限度において行われたものである場合であって、次の各号のいずれかに該当するときは、賠償の責めに任じない。」と規定し、一定の場合に免責されるとしている。

その一定の場合とは、「① 当該特定電気通信役務提供者が当該特定電気通信による情報の流通によって他人の権利が不当に侵害されていると信じるに足りる相当の理由があったとき、② 特定電気通信による情報の流通によって自己の権利を侵害されたとする者から、当該権利を侵害したとする情報（侵害情報）、侵害されたとする権利及び権利が侵害されたとする理由（侵害情報等）を示して当該特定電気通信役務提供者に対し侵害情報の送信を防止する措置（送信防止措置）を講ずるよう申出があった場合に、当該特定電気通信役務提供者が、当該侵害情報の発信者に対し当該侵害情報等を示して当該送信防止措置を講ずることに同意するかどうかを照会した場合において、当該発信者が当該照会を受けた日から7日を経過しても当該発信者から当該送信防止措置を講ずることに同意しない旨の申出がなかったとき」であるとし、免責を2つの場合に限っている。

このように、同法3条2項は、ISP が契約に基づき送信義務を負っているが情報の送信防止措置をとった場合の、発信者に対する責任を制限する規定である。つまり、免責されるためには、送信防止措置が「必要な限度」でなされている場合に限られる。同法3条2項1号では、「特定電気通信による情報の流通によって他人の権利が不当に侵害されていると信じるに足りる相当の理由」が免責要件とされ、同法3条2項2号では、特定電気通信による情報の流通によって、自己の権利を侵害されたとする者からの「申出」が免責要件の1つとなっている[203]。

同法3条2項1号の「相当な理由」は、当該情報が他人の権利を侵害するものでなかった場合であっても、通常の注意を払っていても、そう信じたこ

178　第 11 章　プロバイダ責任制限法

とがやむを得なかったときであり、発信者への確認その他の必要な調査により、十分な確認を行った場合や、通常は明らかにされることのない、私人のプライバシー情報（住所・電話番号）について当事者本人から連絡があった場合で、当該者の本人性が確認できる場合は、「相当の理由」があったと考えられている[204]。

11.6　発信者情報開示請求権

　プロバイダ責任制限法 4 条 1 項は、ISP に対する発信者情報開示請求権について規定している。同法 4 条 1 項では、「特定電気通信による情報の流通によって自己の権利を侵害されたとする者は、次のいずれにも該当するときに限り、当該特定電気通信の用に供される特定電気通信設備を用いる特定電機通信役務提供者（開示関係役務提供者）に対し、当該開示関係役務提供者が保有する当該権利の侵害に係る発信者情報（氏名、住所その他の侵害情報の発信者の特定に資する情報であって総務省令で定めるものをいう。）の開示を請求することができる。」と定めている。

　発信者情報の開示を請求することのできる場合とは、「① 侵害情報の流通によって当該開示の請求をする者の権利が侵害されたことが明らかであるとき、② 当該発信者情報が当該開示の請求をする者の損害賠償請求権の行使のために必要である場合その他発信者情報の開示を受けるべき正当な理由があるとき」であり、これら 2 つの要件に該当していることが必要である。

　また、同法 4 条 2 項では、開示請求を受けた ISP の発信者の意見を聴く義務について定めている。同法 4 条 2 項は、「開示関係役務提供者は、前項の規定による開示の請求を受けたときは、当該開示の請求に係る侵害情報の発信者と連絡することができない場合その他特別の事情がある場合を除き、開示するかどうかについて当該発信者の意見を聴かなければならない。」と規定している。

　さらに、同法 4 条 3 項は、開示請求により、発信者情報の開示を受けた請求者が、発信者情報を不当に用いて、発信者の名誉を害することを禁じてい

る。同法4条3項は、「第1項の規定により発信者情報の開示を受けた者は、当該発信者情報をみだりに用いて、不当に当該発信者の名誉又は生活の平穏を害する行為をしてはならない。」と規定している。

同法4条4項では、ISP が発信者情報開示を拒否した場合であっても、ISP に重過失がない限り、開示請求者に対する ISP の責任が免除されることを定めている。同法4条4項は、「開示関係役務提供者は、第1項の規定による開示の請求に応じないことにより当該開示の請求をした者に生じた損害については、故意又は重大な過失がある場合でなければ、賠償の責めに任じない。ただし、当該開示関係役務提供者が当該開示の請求に係る侵害情報の発信者である場合は、この限りでない。」と規定している。

11.7　代表的裁判例

最後に、プロバイダ責任制限法に関する、代表的な裁判例を2つ挙げておこう。

(1) 眼科医事件

この事件は、プロバイダ責任制限法4条1項に基づく、発信者情報の開示請求を求めた最初の裁判例である。2002年、インターネット上の電子掲示板に、ある眼科医が3人を失明させたという書き込みがされた。書き込みをした者は、ハンドルネームを使用していたため、この眼科医は、個人を特定することができなかった。よって、この眼科医は、電子掲示板運営者に対して、この電子掲示板の書き込みにより、眼科医の名誉、社会的信用および営業利益が侵害されたとして、プロバイダ責任制限法4条1項および民法723条に基づき、IP アドレスをはじめとする発信者情報の開示を求める訴えを提起した。

この事件では、第2回弁論準備手続き中に、被告である電子掲示板運営者は、電子掲示板に書き込みをした者の同意を得て、原告である眼科医に情報を開示した。ちなみに、その後、眼科医は、電子掲示板に書き込みをした者と面談したが、その際、両者間には争いがなかった。

この裁判の争点は、① 同法4条1項1号の「侵害情報の流通によって当該開示の請求をする者の権利が侵害されたことが明らかであるとき」の要件（権利侵害要件）の存在、② 同条同項2号の「開示を受けるべき正当な理由」、の有無であった。

東京地裁は、上記①に関して、「本件メッセージの流通により少なくとも原告（被害者）の名誉が侵害されたことは明らかというべきであり、権利侵害要件を充足するものと認めるのが相当である。」と判示した。また、上記②に関しては、「原告（被害者）が当該侵害情報の『発信者』を特定し、その者に対して損害賠償請求権を行使するためには、上記の総務省令が定めるすべての発信者情報の開示を受けるべき必要性があるというべきである。」と判示した[205]。

(2) WinMX 事件

2002年、某エステサロンが、大規模な個人情報漏洩事件を起こした。この事件では、ファイルの中の個人情報が、P2Pのファイル交換ソフトであるWinMXによって、インターネット上に公開された。個人情報を公開された者（原告、被控訴人）は、ISP（被告、控訴人）を特定し、その者に対しプロバイダ責任制限法4条に基づき、本件発信者の個人情報を開示するよう求めた。一方、ISP側は、① 本ファイルの送信は、P2Pによるものであり1対1の通信であるので、同法2条1号に定める特定電気通信に該当せず、また、② ISPの設備が、同法2条2号に定める特定電気通信設備に該当しないと主張し、さらに、③ 本ファイルの流通の事実も否定した。

第一審の東京地裁は、原告の主張を認めた。控訴審の東京高裁も、第一審判決を踏襲し、上記①に関しては、「電気通信が1対1との間で行われても、1対『任意の不特定の1人』との間であれば『不特定の者』によって受信される電気通信であるといえる。」と判示した。また、上記②③に関しても、同裁判所は否定した[206]。

注

- (193) 飯田耕一郎『プロバイダ責任制限法解説』(三省堂、2002年) 4頁。
- (194) 電気通信事業法2条1号。
- (195) 飯田・前掲注 (193) 35頁。
- (196) 飯田・前掲注 (193) 38頁。
- (197) 飯田・前掲注 (193) 40頁。
- (198) 飯田・前掲注 (193) 42〜43頁。
- (199) 飯田・前掲注 (193) 44頁。
- (200) 飯田・前掲注 (193) 13頁。
- (201) 飯田・前掲注 (193) 45頁。
- (202) 総務省解説 (http://www.soumu.go.jp/joho_tsusin/) (2006年12月4日アクセス)。
- (203) 飯田・前掲注 (193) 49頁。
- (204) 前掲注 (202)。
- (205) 東京地判平成15年3月31日判時1817号84頁。
- (206) 東京高判平成16年5月26日判タ1152号131頁。

第12章

デジタル著作権

《本章のねらい》

　インターネットで扱うデータは、すべてデジタルデータである。デジタルデータで表現された文章、音楽、画像、映像、データベース、またはこれらを組み合わせた情報の集合を、デジタルコンテンツ（デジタル著作物）という。

　これらは、複製（コピー）が容易であり、また、複製しても品質が劣化しないことが特徴として挙げられる。このため、不正コピーが横行し、知的財産権の侵害が多く見受けられる。

　本章では、著作権法を中心に、Winny事件、MP3問題、ナップスター関連の音楽不正コピー、私的録音録画補償金制度、ソフトウェアの不正コピー、ミッキーマウスとアメリカ著作権法を題材に、デジタル著作権を考えてみよう。

12.1 デジタルコンテンツ

インターネットで扱うデータは、すべて 0 または 1 で表現されるデジタルデータである。デジタルデータで表現された、文章、音楽、画像、映像、データベース、またはこれらを組み合わせた情報の集合を、デジタルコンテンツ (digital contents、デジタル著作物) という。

パブリック・ドメイン [207] にある情報以外のものの多くは、著作権によって保護されている。よって、無断でデジタルコンテンツを複製（コピー）した場合、著作権法違反となる可能性がある。しかし、デジタルコンテンツは、デジタルデータであるため、複製が容易であり、また、複製しても品質が劣化しないことが特徴として挙げられる。このため、不正コピーが横行し、著作権の侵害が多く見受けられ、社会問題にまで発展することが多い。

デジタルコンテンツで、まず問題とされたのが、従来のアナログで表現されていた原本をデジタル化する際の量子化である [208]。つまり、コンピュータで処理するためには、アナログ情報をデジタル情報に変換（AD 変換）する必要があるが、この行為が著作権法上の複製に該当するかどうかという問題であった。現在では、一般に、複製に該当すると考えられている。

デジタルコンテンツに関係する著作権法上の権利は、著作物を複製する複製権、インターネットを利用して公衆に送信する公衆送信権、サーバに蓄積された情報を公衆からのアクセスにより、自動的に送信する公衆送信可能化権が重要である。インターネット上では、これらの侵害行為が起こりやすいのが特徴である。

12.2 知的財産権

デジタル著作権の説明の前に、知的財産権について触れておこう。憲法では、「財産権は、これを侵してはならない。」と規定する（憲法 29 条 1 項）。

これにより、民法では、物に関して所有権の権利（物権）を認めているが、民法は「この法律において物とは、有体物をいう。」と規定している（民法85条）。

しかし、現実社会では、財産は有体物ばかりでなく、形の無い無体物も多く存在する。そこで、民法の特別法として、特許法や著作権法をはじめとする知的財産権に関する法律が定められており、無体物に対する法的保護が図られている。人間の知的活動から生じた財産的価値を有する情報を知的財産という。また、これら知的財産から生じる権利の総称を、知的財産権（Intellectual Property Right）と呼ぶ。とくに、インターネットの世界では、この知的財産権に対する保護が重要である。

では、知的財産とはいったい何であろうか。平成15年に施行された知的財産基本法では、「知的財産とは、発明、考案、植物の新品種、意匠、著作物その他の人間の創造的活動により生み出されるもの（発見又は解明がされた自然の法則又は現象であって、産業上の利用可能性があるものを含む。）、商標、商号その他事業活動に用いられる商品又は役務を表示するもの及び営業秘密その他の事業活動に有用な技術又は営業上の情報をいう。」と規定している（知的財産基本法2条1項）。

また同法は、「知的財産権とは、特許権、実用新案権、育成者権、意匠権、著作権、商標権その他の知的財産権に関して法令により定められた権利又は法律上保護される権利に係る権利をいう。」と規定している（同法2条2項）。

知的財産権は、① 人間の知的活動の成果としての創作活動を保護するために認められている権利、② 公正な競争環境を維持するために認められている権利、の2つに大別することができる。たとえば、① の例としては、発明を保護するための特許権、考案を保護するための実用新案権、著作物を保護するための著作権、デザインを保護するための意匠権がある。また、② の例としては、トレードマークを保護するための商標権、商号を保護するための商号権がある。

さらに、知的財産権は、① 産業の発達のために認められている産業財産権、② その他の知的財産に関する権利、に大別することもできる。① の産

業財産権は、特許権、実用新案権、意匠権、商標権（これらの4法を、産業財産権4法という。）から構成されており、産業の発達を目的として人為的に認められる権利である。一方、②のその他の権利は、著作権、商号権、回路配置利用者権、育成者権、営業秘密を保護する権利がある。

12.3 著作権法

著作権を保護する著作権法では、その目的を、「著作物並びに実演、レコード、放送及び有線放送に関し著作者の権利及びこれに隣接する権利を定め、これらの文化的所産の公正な利用に留意しつつ、著作者等の権利の保護を図り、もって文化の発展に寄与することを目的とする。」と規定し、「文化の発展」を最終的な目標としている。

一方、特許法、実用新案法、意匠法、商標法の産業財産権4法では、その目的を「産業の発達」に定めている。このように、異なった目的を持つ理由は、発明や意匠は、産業の発達に直接役に立つが、一方、著作物は、これらの利用性に乏しい反面、著作者の個性が表れ、人間の精神に訴えかける効果を有し、文化の発展に寄与することが大きいからである。

著作物とは、具体的に何であろうか。著作権で保護する著作物とは、「思想又は感情を創作的に表現したものであって、文芸、学術、美術又は音楽の範囲に属するもの」である（著作権法2条1項1号）。つまり、著作物とは、①「思想または感情」を表現したもの、②「創作的」に表現したもの、③「表現したもの」、および④「文芸、学術、美術または音楽の範囲に属するもの」という4つの要件を満たしたものといえる。

しかし、この定義は曖昧であり、何が著作物に該当するかという点は、必ずしも明確ではない。よって、著作権法は、著作物を例示している。たとえば、①小説、脚本、論文、講演その他の言語の著作物、②音楽の著作物、③舞踊又は無言劇の著作物、④絵画、版画、彫刻その他の美術の著作物、⑤建築の著作物、⑥地図又は学術的な性質を有する図画、図表、模型その他の図形の著作物、⑦映画の著作物、⑧写真の著作物、⑨プログラムの著

作物、がある（同法10条1項）。

　これらの著作物は、すでに存在している著作物を利用して創作される場合がある。これらを「二次的著作物」と呼び、著作権法では「著作物を翻訳し、編曲し、若しくは変形し、又は脚色し、映画化し、その他翻案することにより創作した著作物をいう。」と規定している（同法2条1項11号）。たとえば、外国の小説の翻訳や音楽の編曲がそれに該当する。

　また、複数の人間が創作に関わった著作物は、「共同著作物」と呼び、同法は、「2人以上の者が共同して創作した著作物であって、その各人の寄与を分離して個別的に利用することができないものをいう。」と規定している。たとえば、音楽で作詞者と作曲者が別個に存在する場合、これらは個別の著作物であり、ひとつの楽曲であっても共同著作物とはなりえない。

　さらに、単に著作物を集めただけのものや、データを集めただけのデータベースは「思想又は感情を創作的に表現したもの」とは言えず、著作物とはなりえない。しかし、データベースでその情報の選択又は体系的な構成によって創作性を有するものは、著作物として保護される（同法12条の2第1項）。データベース以外の編集物（たとえば、電話帳）でその素材の選択又は配列によって創作性を有するものも、著作物として保護される（同法12条1項）。

　なお、著作権とは複数の権利の集合であり、複製権（出版権）（同法21条）、上演権および演奏権（同法22条）、上映権（同法22条の2）、公衆送信権（同法23条）、口述権（同法24条）、展示権（同法25条）、頒布権（映画著作物のみ）（同法26条）、譲渡権（映画以外の著作物）（同法の26条の2）、貸与権（映画以外の著作物）（同法26条の3）、翻訳権および翻案権（同法27条）、二次的著作物の利用に関する権利（同法28条）がある。複製権とは、一般にコピーライトとも呼ばれる。

12.4　著作者とその権利

　著作物は、人間の思想又は感情を創作的に表現したものである。よって、

著作物を創作した者が著作者となる（著作権法2条1項2号）。また、産業財産権4法と異なり、著作権法では著作物を創作すると、すぐに権利が発生する。著作権の侵害行為があった場合、誰が著作者であるかが問題となるが、著作権法では「著作物の原作品に、又は著作物の公衆への提供若しくは提示の際に、その氏名若しくは名称（以下「実名」という。）又はその雅号、筆名、略称その他実名に代えて用いられるもの（以下「変名」という。）として周知のものが著作者名として通常の方法により表示されている者は、その著作物の著作者と推定する。」と規定している（同法14条）。

ところが、会社の業務として作成されたプログラムに関しては、同法は、「法人その他使用者（「法人等」という。）の発意に基づきその法人等の業務に従事する者が職務上作成するプログラムの著作物の著作者は、その作成の時における契約、勤務規則その他別段の定めがない限り、その法人等とする。」と規定している（同法15条2項）。これを職務著作という。

プログラム以外のものに関しても、同法は、「法人等の発意に基づきその法人等の業務に従事する者が職務上作成する著作物（プログラムの著作物を除く。）で、その法人等が自己の著作の名義の下に公表するものの著作者は、その作成の時における契約、勤務規則その他別段の定めがない限り、その法人等とする。」と規定している（同法15条1項）。

映画の著作物の製作は、多くの人によって創作されるため、同法は、「映画の著作物の著作者は、その映画の著作物において翻案され、又は複製された小説、脚本、音楽その他の著作者を除き、製作、監督、演出、撮影、美術等を担当してその映画の著作物の全体的形成に創作的に寄与した者とする。」と規定している（同法16条）。さらに、「その著作者が映画制作者に対し当該映画の著作物の製作に参加することを約束しているときは、当該映画制作者に帰属する。」と規定している（同法29条1項）。

著作者の権利は、著作権と著作者人格権に分けられる。著作権とは、著作物の財産的価値を保護するための権利であるが、一方、著作者人格権とは著作者本人の人格的な利益を保護する権利であり、著作者の一身に専属し、譲渡や相続はできない。著作者人格権は、公表権（同法18条）、氏名表示権

(同法 19 条)、同一性保持権(同法 20 条)の 3 つからなる。

公表権とは、まだ公表されていない著作物を公表するか否かの決定権である。氏名表示権は、著作物に著作者の実名や変名を著作者名として表示したり、または表示しないことを決定できる権利である。同一性保持権とは、著作物の同一性を保持することができる権利である。

著作権は、著作物の創作と同時に発生し、その存続期間は、著作物の創作の時に始まる(同法 51 条 1 項)。また著作者の死後 50 年を経過するまで存続する(同法 51 条 2 項)。しかし、著作者が不明なもの(無名)や変名の著作権については、その著作物の公表後 50 年を経過するまでの間存続することとしている(同法 52 条 1 項)。

また、法人その他の団体が著作の名義を有する著作物の著作権は、その著作物の公表後 50 年を経過するまでの間、存続する(同法 53 条 1 項)。ただし、映画の著作物は例外を設け、公表後 70 年の存続期間を認めている(同法 54 条 1 項)。

12.5 Winny 事件

映画は多くの人々に愛されている娯楽のひとつである。映画館に行かずとも、テレビで映画を放映することも多く、ケーブルテレビでは映画専門チャンネルもある。また、街では DVD として多くの映画ソフトが販売され、ビデオオンデマンドでは、有料で見ることもできる。しかし、これらの多くの映画ソフトは、著作権で保護されている。インターネット上に無断でこれらを公開した場合、あきらかに著作権法違反となるが、無料で映画ソフトを自分のパソコンにダウンロードできるとしたらどうだろうか。それが簡単に行えるソフトが Winny である。

Winny(ウィニー)は、P2P(Peer to Peer)[209] の技術を利用した、Microsoft Windows で動作するファイル共有ソフトである。この Winny は、2002 年 5 月に電子掲示板「2 ちゃんねる」で公開された。開発者は、元東京大学大学院情報理工学系研究科助手であった。Winny はその使いやすさの

ため、急速にユーザ数を増やしていき、2006 年現在、Winny のユーザ数は、約 40 万人と推計されている[210]。

Winny の機能での特徴は、その匿名性にある。このため、著作権法の複製権に違反する違法なファイル交換を行いたい者にとって、非常に都合がよかった。そのため、多くの著作権法違反事件が起き、社会問題にまで発展していった。その最初の事件が、京都 Winny 事件である。京都府警察ハイテク犯罪対策室は、2003 年 11 月 27 日、著作権法違反で 2 名を逮捕した。被告人は、他人が著作権を有する著作物情報が記録されたパソコンを用いて、インターネットに接続させた。そして、同じパソコン上で Winny を起動させ、不特定多数のインターネット利用者に、映画情報を自動公衆送信し得るようにした。このため、送信可能化権侵害罪（著作権法 119 条 1 号、および同法 23 条 1 項）として起訴された。

京都地裁は、「Winny は、そのネットワーク内でダウンロードが要求されれば、自動的に目的のファイルを送信する機能を有するから、これを使用していた被告人のパソコンが『自動公衆送信装置』に該当することは明らかである。」と判示し、著作権法の送信可能化権侵害を認めた[211]。

また、2004 年には、開発者もこの事件についての著作権侵害行為を幇助した共犯の容疑を問われて逮捕された。この逮捕は、大きな議論を呼んだ。たとえば、包丁を作る職人が、その包丁によって殺人が起きた場合、包丁を作る行為が、殺人罪の幇助に当たるかどうかということと類似した議論が起こった。殺人罪の幇助に該当するためには、包丁を作る職人が、その目的を殺人と知っており、その目的のために包丁を作る必要があるが、この事件も、同じように、開発者が、Winny の主たる目的が、著作権法違反のための違法なファイル交換にあるかどうかが争点である。2006 年 9 月 4 日、京都地裁の第 25 回公判で、開発者の弁護側は「優れた技術を開発したにすぎない」として無罪を改めて主張し結審したが、京都地裁は、同年 12 月 13 日、罰金 150 万円の有罪判決を言い渡した。同裁判所は、「著作権者の利益が侵害されることを認識しながら Winny の提供を続けており非難は免れない」と判旨した。開発者は、即日、控訴を表明した。

12.6 MP3 問題

　映画の不正コピーよりも、もっと大々的に行われているのが、音楽の不正コピーである。音楽も映画と同じように著作権で保護されている。街のレコード店では、歌謡曲からクラシックまで、いろいろなジャンルの音楽ソフトが購入できる。しかし、インターネット上に無断で音楽ソフトを配信する違法なサイトも多い。映像にしても、楽曲にしても、そのコンテンツのボリュームは膨大なものであり、いくら記憶装置の容量が巨大化し、コンピュータの処理速度が速くなったとしても、膨大なデータを処理するには、効率のよいデータの圧縮技術が必要である。そのデータ圧縮技術の中でも、音楽用に一般に使われているのが MP3 という技術である。

　MP3 とは、MPEG（Moving Pictures Experts Group）Audio Layer 3 の略であり、国際標準規格 MPEG の音楽圧縮アルゴリズムである。この MPEG Audio は、Layer が大きいほど圧縮率が高い。Layer 3 は、映像圧縮方式の MPEG-1 で利用される音楽圧縮方式のひとつで、人間の感じ取りにくい部分のデータを間引くことによって、高い圧縮率を得ることができる[212]。

　MP3 は、音楽 CD 並みの音質を保ったまま、データを約 11 分の 1 にまで圧縮することができる。MP3 で圧縮した音楽データのサイズは、1 分間あたり 1MB 程度に抑えることができる。この技術を使えば、簡単にインターネット上で音楽のやり取りが可能になり、自分のパソコンや携帯電話にダウンロードすることができる。また、MP3 の使用は無料であったため、急速に使用者が増加した[213]。

　この MP3 を使用した違法サイトが、アメリカで多く見つかった。個人は、MP3 の技術を使って、権利者の許可なく、個人のホームページに音楽ソフトをアップロードすることができる。その結果、誰でもが自由にアクセスし、音楽ソフトを自分のパソコンに、無料でダウンロードすることができる。また、MP3 専用の携帯用再生プレーヤーにより、CD のように路上でも音楽を楽しむことができるようになった。この行為は、著作権に対する違法

行為であり、著作権者の複製権と公衆送信権を侵害することになる。

　この違法サイトの急増により、アメリカで音楽業界が大打撃を受けた。そのため、アメリカレコード協会（Recording Industry Association of America/RIAA）[214]は、MP3 を使った違法コピーに対する撲滅キャンペーンを実施し、また違法サイトに対し複数の裁判を提起した。わが国でも、1998 年 8 月から、日本音楽著作権協会（Japan Society for Rights of Authors, Composers and Publishers/JASRAC）[215]や日本レコード協会（Recording Industry Association of Japan/RIAJ）[216]をはじめとする 6 団体が、MP3 を使った違法サイトに対し、警告をはじめた[217]。

　本来、MP3 の技術自体に違法性はないが、この技術を使って圧縮した音楽ソフトを、無断でサーバにアップロードしてデータを蓄積する行為が、著作権侵害の違法行為に該当することになる[218]。

　ところが、アメリカのダイヤモンド・マルチメディア・システムズ（Diamond Multimedia Systems/DMS）社が、1998 年、「Rio PMP300」というポータブル MP3 再生装置を発売したところ、アメリカレコード協会は、同年、「Rio PMP300」の販売に関する暫定的差止命令と、永久の差止命令を求める訴えを、ロサンジェルス中部地区連邦地方裁判所に提起した[219]。アメリカレコード協会が問題にしたのは、MP3 自体に二次録音を防止する仕組みがないという点である。

　アメリカのオーディオ・ホーム・レコーディング法（Audio Home Recording Act of 1992/AHRA）[220]では、デジタル録音機器に対し、二次録音防止装置（Serial Copyright Management System/SCMS）の装着を義務付けている。本件は、これに反するとし、アメリカレコード協会が提訴したものである[221]。つまり、二次録音防止装置は、著作権侵害行為を未然に防ぐため、デジタル録音器に搭載しなければならない機能である。

　これに対し、ダイヤモンド・マルチメディア・システムズ社は、「Rio PMP300」は、デジタル録音器に該当しないので、オーディオ・ホーム・レコーディング法の規制対象ではないと主張した。つまり、「Rio PMP300」は、デジタル録音器のように、直接オーディオファイルを記録するわけでは

なく、ユーザのパソコンのハードディスクに、保存済みの音楽を再生する機器であると主張した。また、内部メモリ上に蓄積された如何なるファイルも、パソコン以外の装置に保存することはできず、そのため、デジタル録音器とは呼べないと主張した。しかし、これに対し、アメリカレコード協会は、「Rio PMP300」は、これに付属するソフトウェアを使用すれば、CDから録音することもできるのでデジタル録音器であると主張した。

ロサンジェルス中部地区連邦地方裁判所は、ダイヤモンド・マルチメディア・システムズ社の主張を認め、仮差止命令を一時停止した。また、同裁判所は、アメリカレコード協会が、「Rio PMP300」がデジタル録音器である可能性を立証することができなかったので、ダイヤモンド・マルチメディア・システムズ社は、今後の裁判で出荷中止を言い渡されない限り、自由にMP3再生装置を販売できると判示した。

この事件の係争中に、ダイヤモンド・マルチメディア・システムズ社は、MP3のコンテンツ販売を営むGoodNoise、MP3.com、MusicMatch、Xing Technologyの4社とともに、MP3規格の普及を目的とするMP3協会（MP3 Association）を発足させた。また、ダイヤモンド・マルチメディア・システムズ社は、アメリカレコード協会に対して、反トラスト法違反を理由に、損害賠償請求訴訟を提起した[222]。

その後、アメリカレコード協会とダイヤモンド・マルチメディア・システムズ社は和解したが、アメリカレコード協会は、コンピュータ業界大手ともに、1998年「安全なデジタル音楽計画」（Secure Digital Music Initiative/SDMI）を発表し、ハイテク業界および音楽業界に、音楽のオンライン配布のために、不正コピーから保護するためのセキュリティ機能の付いたSDMI規格を発表した。

12.7　ナップスター事件

「ナップスター」（Napster）は、インターネット上での音楽交換ソフトである。1998年、ノース・イースタン大学の学生だったショーン・ファニン

グが、音楽をインターネットで検索してダウンロードするために、個人の音楽データのインデックスだけをサーバに蓄積し、情報のやり取りは個人で行うというシステムを構築したことに始まる。このソフトは、ショーンのハンドルネームにちなんでナップスターと名づけられ、ショーンは、おじのジョン・ファニングスの協力を得て1999年にナップスター社を設立した[223]。

このソフトをダウンロードすれば、ナップスター社が管理するサーバに接続することができ、自分のハードディスクの一部を公開して自分が保存しているMP3ファイルを他のユーザと共有したり、他のユーザがナップスターを使って公開しているMP3ファイルを自由に交換することができる。

1999年、アメリカレコード協会のレコード会社十数社が、カリフォルニア北部地区連邦地方裁判所にナップスター社を訴えた。ナップスターで交換されているファイルの多くは海賊版であって、ユーザによる著作権侵害行為にナップスターが助長し侵害に寄与しているとし、「寄与侵害行為」（contributory infringement）、「代位行為」（vicarious liability）、カリフォルニア民法980条(a)(2)および不正競争法（unfair competition）違反を主張した[224]。

これに対し、同裁判所は、「ナップスターのほとんどすべてのユーザは、著作権のある音楽を無断でダウンロード、アップロードしている。ナップスターにおいて、利用可能なファイルの87％が著作権保護のあるものであり、70％以上が原告によって保有・保管されている。」とし、ナップスター社に、著作権を有する音楽の複製、ダウンロード、アップロード、伝達または頒布を助長することを禁止する仮差止命令を発した[225]。

この事件は控訴された。第9巡回区連邦控訴裁判所は、ナップスター社が寄与侵害責任および代位責任を負うとした地裁の判断を支持したが、仮差止命令が長すぎるとして、カリフォルニア北部地区連邦地方裁判所にこの命令を修正するよう差し戻した。これを受けて、同裁判所は、ナップスター社に対して、複製の禁止を命じつつ、原告側にも、著作権を有する音楽作品について、ナップスター社に、タイトル、アーチスト名を通知することを義務付

けた[226]。最終的に、ナップスター社は2002年に破産したが、2003年にキシオ・インク社に買収された[227]。

また、これに引き続き、ヘビメタバンドのメタリカ（Metallica）も、ナップスター社とエール大学、南カリフォルニア大学（USC）、インディアナ大学を、カリフォルニア州連邦地方裁判所に提訴した。大学を訴えた理由は、容易に不法コピーをブロックできるはずの大学が、これを助長したことである。各大学は学内からのナップスターへのアクセスを禁止し、これらの大学への訴えは取り下げられた。

ナップスターとならんで、もうひとつのファイル交換ソフトに「グヌーテラ（Gnutella）」がある。これは、世界最大のインターネット接続プロバイダであるAOL（America Online）が開発したソフトウェアである。グヌーテラは、ナップスターと異なり、中央サーバを要しない完全分散型システムであるが、ナップスターほどの人気は得られなかった。

わが国の著作権法でも、著作物をMP3形式に返還し、ハードディスクに保存したものを、ファイル交換サービスを用いて、他のユーザに送信できるようにする行為は、公衆送信に該当する。よって、この行為を無断で行えば、公衆送信権侵害となろう。また、ダウンロードしたユーザは、その複製が私的使用であれば、同法30条1項により許容されることになるが、さらにMP3ファイルを公衆送信する場合には、公衆送信権侵害とともに、複製物の目的外使用として著作権侵害が成立する可能性が高い[228]。

12.8　私的録音録画補償金制度

著作物の不正コピー事件があとを絶たないなか、私的利用についての見直しがなされた。その結果、平成5年6月から、私的録音録画に関する補償金制度が実施されている。この制度は、著作権法の改正により新たに創設されたものである。従来、私的な録音または録画に関しては自由かつ無償であったが、権利者の被る経済的不利益を補償するため、デジタル方式の機器や記録媒体を用いる場合には、権利者に対して補償金を支払うという制度であ

る。

　たとえば、私的録音録画に関する補償金は、MDやCD-Rのメディアだけでなく、MDレコーダーの機器にも含まれる。補償金の額は、録音機器の場合、カタログ価格の約1.3％または1000円のうち低い額、メディアは同じく1.5％である。録画機器の場合は、0.65％または1000円のうち低い額、媒体は0.5％である。このように、メディアや録音・録画機器を購入した場合、販売価格に私的録音録画補償金が含まれ、消費者は必ず、この補償金を支払わなければならない。

　個人の私的利用について、著作権法30条1項は、「著作権の目的となっている著作物は、個人的に又は家庭内その他これに順ずる限られた範囲内において使用すること（私的使用）を目的とするときは、次に掲げる場合を除き、その使用する者が複製することができる。」と規定し、従来、私的使用については自由かつ無償で複製を行うことができた。しかし、近時のデジタル録音録画機器の発達および普及にともない、その私的利用が拡大していった。

　このため、本来、権利者（著作権者、実演家、製作者）が受ける権利を害しているのではないかという指摘がなされ、アメリカやヨーロッパ諸国を中心に、権利者に対する一定の補償措置を講ずる国が増えた。このような背景から、わが国でも、私的録音補償金制度が導入された。

　現在、著作権法30条2項は、「私的使用を目的として、デジタル方式の録音又は録画の機能を有する機器であって政令で定めるものにより、当該機器によるデジタル方式の録音又は録画の用に供される記録媒体であって政令で定めるものに録音又は録画を行う者は、相当な額の補償金を著作権者に支払わなければならない。」と規定している。

　この録音の補償金管理は、私的録音補償金管理協会（Society for Administration of Remuneration for Audio Home Recording/SARAH）[229]が行い、実際に補償金の分配を受けるのは、日本音楽著作権協会、日本芸能実演家団体協議会、日本レコード協会の3団体に限られている。また、録画の補償金管理は、私的録画補償金管理協会（Society for Administration of

Remuneration for Video Home Recording/SARVH)[230]が行っている。なお、この補償金は、録音録画に使用しない場合は、上記管理団体から返金を受けることができることになっているが、一般消費者には利用しにくい制度である[231]。ちなみに、平成17年度の私的録音補償金は、17億9,034万円であった。

12.9 ソフトウェアの不正コピー

　パッケージ・ソフトウェアは、通常購入する商品と異なり、購入者の所有物とはならない。購入者は、その使用を許諾されたユーザであり、原則として、購入したソフトウェアを、1台のコンピュータだけで使用する権利（ライセンス）を購入していることになる。よって、他のコンピュータに複製（コピー）することは著作権法違反となる。故意に不正コピーしたか否かを問わず、その行為は違法であり処罰の対象となる[232]。

　パソコン用ビジネスソフトを不正コピーして、業務に利用され、著作権を侵害されたとして、マイクロソフトをはじめとするアメリカのソフトメーカー3社が、大手司法試験予備校を相手に、1億1,400万円の損害賠償を求めた事件がある。東京地裁は、原告側の主張をほぼ認め、「正規品の小売価格と同額の損害賠償をすべきだ。」として、予備校に約8,500万円の支払いを命じた。

　大手予備校は、1999年、パソコンにマイクロソフトのExcel、アップルコンピュータのMacDraw、アドビのPageMakerの3社のソフトを無断で違法コピーし、教材作成や事務処理に使用していた。予備校側は、「コピー発覚後に正規ソフトを購入した。ソフトの使用許諾契約では、一度代金を払えば無期限で利用できることになっており、原告に損害を与えていない。」と主張したが、同裁判所は、「著作権侵害行為は、違法にコピーした時点で成立している。」と判示し、予備校側の主張を退けた[233]。しかし、原告側が求めていた制裁的な賠償金支払いは退けた[234]。

　この事件は氷山の一角である。多くの企業や学校で、ライセンスを受け

第12章 デジタル著作権

ているソフトウェアの数よりも多くのソフトウェアが稼動しているという事実は、決して珍しいことではない。アメリカのビジネス・ソフトウェア・アライアンス（Business Software Alliance/BSA）が発表した 2001 年のコンピュータ・ソフトウェアの全世界の違法コピー率は 40％に達し、損害額は110 億ドル（約 1 兆 3,200 億円）となった。

その中でも、アジアの違法コピーが 47 億ドルであり、その多くは中国での違法コピーである。世界的には、違法コピー率が最も高かったのは、東欧地域の 67％であった。わが国の違法コピー率は 37％で、損害額は 2,000 億円に達した[235]。この原因は、ソフトウェアの著作権や違法コピーに対する認識が甘く、とくに組織内での違法コピーが後を絶たないことに原因がある[236]。

12.10 ミッキーマウスとアメリカ著作権法

この節では、1980 年代からの、アメリカの知的財産権強化政策（プロパテント政策）の著作権に関する象徴的なできごとを紹介しよう。これは、ディズニーのミッキーマウスを中心に議論された。

ミッキーマウスは、ウォルト・ディズニーによって 1928 年にデビューした。改正前のアメリカ著作権法では、小説や音楽のような個人の著作物の著作権は、作者の死後 50 年、または映画のような企業による著作物の著作権は、作品の誕生から 75 年と定められていた。

ところが、ヨーロッパでは、1995 年、著作権指令を改正して、著作権の保護期間を 50 年から 70 年に延長した。これを受けて、ディズニーとアメリカ映画協会は、著作権保護期間を 20 年延長すべきであるとしてアメリカ連邦議会に要求を出した。

その結果、1998 年、アメリカ連邦議会は、個人・企業両方の著作権の寿命を 20 年延ばし、それぞれ 70 年、95 年とする「1998 Copyright Term Extension Act」（CTEA）を成立させた[237]。これに対し、スタンフォード大学ロースクールのローレンス・レッシグ教授を中心に、猛烈な反対運動が

起きた。

　CTEA 成立の背景には、ディズニーを中心としたアメリカエンターテイメント業界の激しいロビー活動があった。なぜなら、著作権の保護期間が切れたらミッキーマウスは人類共有の財産となり、誰もが許可を得ることなく使用することができるからである。このため、ディズニーは莫大な著作権収入を失うことになる。つまり、著作権の保護期間の経過は、ディズニーにとって死活問題であった。

　レッシグ教授たちが CTEA に反対するわけは、一部の企業の利益追求のため、インターネット時代の新たな捜索活動が阻害されるのを懸念してのことである。過去から現在まで、多くの知的創造物は、多かれ少なかれ神話や古典、民話、伝承の過去の知的遺産を基礎に新しい発想の基で創作されてきた。よって、著作権保護期間が切れたミッキーマウスも、人類共通の財産として還元されるべきである。しかし、今回の著作権保護期間の延長は、一部の企業の利益を保護する色彩が強いことが問題として挙げられた。

　また、レッシグ教授は、CTEA はアメリカ憲法違反であると主張する。なぜなら、アメリカ憲法 1 条 8 節 8 項に「To promote the Progress of Science and useful Arts, by securing for limited Times to Authors and Inventors the exclusive Right to their respective Writings and Discoveries.」（著作者および発明者に、一定期間それぞれの著作および発明に対する独占権を保障することによって、学術および有益な技芸の進歩を促進すること。）[238]とあり、著作権は一定の期間だけ守られていたのに、このまま延長され続けると永久に著作権が保護されるのではないか、という懸念がこの問題にある。このように、著作権保護期間の延長が繰り返されれば、独占禁止法違反に繋がる可能性がある。ただし、2003 年、連邦最高裁は、CTEA は合憲であると判断した。

　ミッキーマウスの最初の公開は 1928 年であり、その当時のアメリカ著作権法の保護期間は 56 年であったので、1984 年で切れるはずであった。しかし、保護期間が経過する前の 1976 年に著作権法が改正され 75 年に延長された。この結果、保護期間は 2003 年にまで延長されたが、今回の 1998 年改

正では95年となり、2023年まで保護期間が延長されることになった。これが、アメリカ著作権が、ミッキーマウス保護法と呼ばれるゆえんである。

著作権ビジネスは、特許権と同じように莫大な利益をもたらし、「文化の発展」よりむしろ「産業の発達」に寄与している。よって、本格的な著作権の登録制およびその更新期間も考える時期に来ているのかもしれない[239]。

注
(207) 著作権者が著作権を放棄したドメイン。これらのものは、利用者が自由に修正や改変、第三者に再配布することができる。
(208) アナログ信号からデジタル信号に変換する際に、連続値をいくつかの離散値に換えること。これにより、0と1のビットでアナログ値をデジタル値に表現することができる。
(209) 中央サーバを必要としないパソコン間通信。
(210) One Point Wall（http://www.onepointwall.jp/winny/winny-node.html）(2006年10月3日アクセス)。
(211) 京都地判平成16年11月30日判時1879号153頁。
(212) 非可逆的圧縮方式を採用している。
(213) 開発元のドイツのFraunhofer IIS-Aは、1999年9月からライセンス料を請求している。
(214) アメリカレコード協会（Recording Industry Association of America/RIAA）は、アメリカの五大レコード会社である、Sony Music Entertainment、Warner Music Group、BMG Entertainment、EMI Recorded Music、Universal Music Groupを会員として擁する団体。
(215) ㈳日本音楽著作権協会（Japan Society for Rights of Authors, Composers and Publishers/JASRAC）は、国内の作詞家、作曲家、音楽出版社の権利者から著作権の管理委託を受けるとともに、海外の著作者管理団体とお互いのレパートリーを管理しあう契約を結んでいる（http://www.jasrac.or.jp/）(2006年10月3日アクセス)。
(216) ㈳日本レコード協会（Recording Industry Association of Japan/RIAJ）は、CD・レコードの普及促進、著作権意識の啓蒙活動、ゴールドディスク大賞を実施している団体（http://riaj.or.jp）(2006年10月3日アクセス)。
(217) 岡村久道「MP3と著作権法」2003年（http://www.law.co.jp/okamura/copylaw/mp3.htm）(2006年10月3日アクセス)。
(218) 牧野和夫『インターネットの法律相談』(学陽書房、2003年) 123頁。
(219) 岡村・前掲注(217)。
(220) Audio Home Recording Act of 1992, AHRA（U.S. Copyright Office）（http://lcweb.loc.gov/copyright/title17/）(2006年10月3日アクセス)。
(221) 岡村・前掲注(217); Recording Industry Association of America v. Diamond Multimedia Systems Inc., 180 F.3d 1072 (9th Cir. 1999).
(222) 岡村・前掲注(217)。
(223) 高作義明＝金山美奈子『ITの最新常識』(新星出版社、2005年) 228頁。
(224) A&M Records, Inc. v. Napster Inc., 114 F.Supp.2d 896, 2000 U.S. Dist. LEXIS 11862 (N.D.Cal.2000).
(225) 高橋＝松井・前掲注(76) 233頁。
(226) 高橋＝松井・前掲注(76) 249頁; A&M Records, Inc. v. Napster, Inc., 2001 U.S.App. LEXIS

1941/2186 (9th ir.2001).
(227) 高作＝金山・前掲注（223）228 頁。
(228) 著作権法 49 条 1 項 1 号；高橋＝松井・前掲注（76）234 頁。
(229) 私的録音補償金管理協会（Society for Administration of Remuneration for Audio Home Recording/SARAH）(http://www.sarah.or.jp/)（2006 年 10 月 3 日アクセス）。
(230) 私的録画補償金管理協会（Society for Administration of Remuneration for Video Home Recording/SARVH）(http://www.sarvh.or.jp/)（2006 年 10 月 3 日アクセス）。
(231) 小川憲久「HDD デバイスと私的録音録画補償金」（2005 年）(http://j-net21.smrj.go.jp/news/law/column/050630.html)（2006 年 10 月 3 日アクセス）。
(232) 何気なく行われるソフトウェアや音楽の著作物の不正複製をカジュアルコピー（Casual Copy）という。
(233) 東京地判平成 13 年 5 月 16 日判時 1749 号 19 頁。
(234) 京都第一法律事務所（http://www.daiichi/gr.jp/）(2006 年 10 月 3 日アクセス)。
(235) 牧野和夫『情報知的財産権』(日本経済新聞社、2003 年) 28 頁。
(236) Business Software Alliance/BSA（http://www.bsa.or.jp/）(2006 年 10 月 3 日アクセス)。
(237) 著作権保護期間が一番長いのがコートジボアールの 99 年であり、最も短いのは、ポーランドやキューバの 25 年である。わが国は 50 年であるが、映画の著作権の存続期間は 70 年である。
(238) The Constitute of the United States ARTICLE 1, Section 8, Clause 8.
(239) Lawrence Lessig, "THE FUTURE OF IDEAS-The Fate of the Commons in a Connected Word" (2001) p.251.

第 13 章

ビジネス方法の特許

《本章のねらい》

　ビジネス方法の特許（ビジネスモデル特許）とは、ビジネスの仕組みや方法に関する特許のことである。ただし、ビジネスの方法そのものは、特許の対象とされていない。新しいビジネス方法を、インターネットやコンピュータの IT 技術で実現したものである。

　つまり、ビジネス方法の特許とは、IT を利用して実現したビジネス手法に対して付与される特許である。特許出願は 1980 年代後半から活発となり、現在では、多くのビジネス方法の特許が生まれている。

　この章では、特許法を中心に、問題となったビジネス方法の特許事件を取り上げ、ビジネス方法の特許の要件について考えることにしよう。

13.1 新しいビジネスの創造

　インターネットは、いくつもの新しいビジネスを生んだ。とくに、今までにない、新しいビジネスモデルが出現した。たとえば、売上高世界一の書店は、アマゾン・ドット・コムという電子書店であるが、この電子書店は、インターネット経由で、世界規模で書籍を販売している。この販売方法の利点は、第一に、従来の店舗のように書籍を置くスペースをほとんど考慮する必要がない。よって、ありとあらゆる書籍をWeb上で表示することができ、購入者はクリックひとつで書籍を注文できる点である。
　このため、事業者は、今まで「死に筋」といわれた、比較的、売れない書籍までも扱えるようになり、書籍を置くスペースによって制限されていた売上げを、インターネットを使うことによって、飛躍的に伸ばすことができるようになった。一方、消費者は、多種多様な書籍を、自由に選ぶことが可能になった。この仕組みは、いわゆるロングテール効果[240]を可能にした。
　また、統計的にデータを集めることにより、個人の趣味や傾向に合わせて、個人ごとに、お勧め商品を提示することができるようになった。さらに、同じ書籍を購入した人が他にいると、「この本を購入した人は、こんな書籍も合わせて購入しています。」と、他の関連書籍も勧めることができる。また、データマイニング[241]により、商品の関連性までも調べることができる。この電子書店の販売方法は、他の商品にまで応用ができるものである。
　このようなビジネスモデルの中でも、新規性と進歩性のあるビジネスの仕組みや方法は、特許を出願することができる。これをビジネス方法の特許（ビジネスモデル特許）と呼んでいる。なお、アメリカでは、ビジネスメソッド特許（Business Method Patent）[242]と呼んでいる。わが国では、ビジネスモデル特許、ビジネス関連特許と呼ぶことがあるが、特許庁では、ビジネス方法の特許と呼んでいる。本書でも、ビジネス方法の特許と呼ぶことにする。

以下、ビジネス方法の特許の古典ともいうべき 2 つの特許について説明しよう。

(1) **逆オークション**

たとえば、東京―ロンドン間の航空チケットを買いたいユーザがいるとしよう。いろいろな航空券販売業者が、それぞれの価格で販売しているが、ユーザは、条件に合った一番安い航空券を手に入れたいとする。ユーザは、条件（購入価格：15 万円）とクレジットカード番号を、サービス提供者にインターネット経由で送信する。

サービス提供者は、複数の航空券販売業者に、ユーザが送信してきた条件（東京―ロンドン間：15 万円）を送信する。航空券販売業者は、販売可能価格（14 万円、17 万円、15 万円の 3 つ）をサービス提供者に返信する。そして、サービス販売業者は、この中でもっとも安い 14 万円を選択し予約する。その後、サービス提供者は、ユーザのクレジットカード番号により決済し、ユーザに、航空会社、便名、価格を通知する。

この方法は、インターネットを利用せずとも、電話によって行うことができるが、その処理は煩雑であり現実的ではない。しかし、インターネットとコンピュータを使うことにより、サービス提供者は、煩雑な手間を省き、事業として成り立たせることができた。このような逆オークションといわれる新規のビジネスモデルに特許を与えた。

(2) **マピオン特許**

このビジネスモデルの仕組みは、地図と広告を組み合わせたものである。古くから、地図に、その地域の店舗の広告を掲載し、その広告料をとるやり方がある。このマピオン特許の仕組みは、それと大差はないが、インターネット上の地図にリンク技術を使って、店舗の広告を出すことに特徴がある。

具体的には、サービス提供者は、広告を出したいと思っている企業に、地図情報を提示する。企業は、地図の特定位置（サービスの提供場所）を指定して、そこに広告を入力する。サービス提供者は、入力された地図の特定位置に、企業のリンクを張る。そして、サービス提供者は、ユーザにその地図

を提供する。サービス提供者は、地図上に広告を出す企業が増えれば増えるほど、広告料収入がはいる。これを特許にしたのがマピオン特許である。

逆オークション特許やマピオン特許のほかにも、多くのビジネス方法の特許があるが、これらは、すべて新しいビジネスモデルに与えられるものである。

13.2　特許権とは

ビジネス方法の特許の説明に入る前に、特許権について説明しておこう。特許法は、同法の目的として「発明の保護及び利用を図ることにより、発明を奨励し、もって産業の発達に寄与することを目的とする。」と規定している（特許法1条）。わかりやすく言えば、発明の保護および利用という手段により、発明を奨励し、優れた発明が多く世の中に創出されることによって、産業の発達を実現することを目的としたものである。

では、発明とはいったい何であろうか。同法は、発明を「自然法則を利用した技術的思想の創作のうち高度のもの」と定義している（同法2条1項）。発明の保護とは、このような産業の発達に役立つ新規で、有用な発明をした発明者に特許権を与え、発明の実施による利益を独占的に得られるようにすることである。

逆に、このような発明を保護しないと、発明に関し何の努力もしていない第三者が、その発明を勝手に模倣や盗用し、不当に利益を得ることになる可能性がある。これを一般に、フリーライド（ただ乗り）という。

このように、発明に対する保護をしないと、発明者はその発明を隠し、企業においては「企業秘密」として取り扱うことになろう。しかし、新規で有用な発明は、更なる発明の基礎となるものであり、これらを秘密にしておくことは、産業全体から見ても大きなマイナスとなる。

よって、特許権という独占実施の法的な担保を与えて、発明者を保護することにより、発明者が特許出願によってその発明を社会に公開することを促している。つまり、特許とは発明の公開であり、公開することによって発明

者の権利を保護するねらいがある。

　ただし、特許権は出願から20年という一定の期限付きの権利である（同法67条1項）。この期限を過ぎた発明は、社会一般の公用財産として、誰でもが自由に実施することができる。また、特許権は独占排他権なので、同じ発明について複数の特許出願は許されない。

　なお、重複出願があった場合には、先に発明した者に特許を与えるという考え方（先発明主義）が、自然であるように思われるが、特許法では、「同一の発明について異なった日に2以上の特許出願があったときは、最先の特許出願人のみがその発明について特許を受けることができる。」と規定している（同法39条1項）。

　では、特許を受けるための要件とは、いったいどのようなものであろうか。基本的に、特許には、新規性と進歩性が必要とされる。新規性について、同法は、「産業上利用することができる発明をした者は、次に掲げる発明を除き、その発明について特許を受けることができる。」と規定している。

　一方、特許を受けられない場合として、「① 特許出願前に日本国内又は外国において公然と知られた発明、② 特許出願前に日本国内又は外国において公然実施された発明、③ 特許出願前に日本国内又は外国において、頒布された刊行物に記載された発明又は電気通信回線を通じて公衆に利用可能となった発明」の3つを挙げている（同法29条1項）。

　上記③の「電気通信回線を通じて」の意味は、インターネット上で公開された発明は、不特定の者がアクセスし得るので、公衆に利用可能になったという意味である。つまり、特許として保護されるべき発明は、まったく新しいものでなければならない。

　進歩性については、同法は、「特許出願前にその発明の属する技術の分野における通常の知識を有する者が前項（同法29条1項）各号に掲げる発明に基づいて容易に発明をすることができたときは、その発明については、同項の規定にかかわらず、特許を受けることができない。」と規定している（同法29条2項）。

　つまり、同法29条1項の要件である新規性はあっても、誰でもが思いつ

くようなありふれたものは、進歩性がないとして特許を受けることができない。

また、他人の特許権を侵害すると、差止請求および損害賠償請求の対象となり（同法100条、102条）、故意で特許権を侵害すると、10年以下の懲役または1,000万円以下の罰金に処せられる（同法196条）。

なお、知的財産権の権利保護強化と、「私的独占の禁止及び公正取引の確保に関する法律」（独占禁止法）の関係は相反する。一方が強化されると他方が弱められるというトレード・オフの関係にあるといえよう。

独占禁止法は、その目的として、「私的独占、不当な取引制限及び不公正な取引方法を禁止し、事業支配力の過度の集中を防止して、結合、協定等の方法による生産、販売、価格、技術等の不当な制限その他一切の事業活動の不当な拘束を排除することにより、公正且つ自由な競争を促進し、事業者の創意を発揮させ、事業活動を盛んにし、雇傭及び国民実所得の水準を高め、以て、一般消費者の利益を確保するとともに、国民経済の民主的で健全な発達を促進することを目的とする。」と規定している（独占禁止法1条）。特許権は、期限付きではあるが発明に対する私的独占である。

13.3　ビジネス方法の特許

特許は、そもそも、電子機器、機械や化学物質の製造に関する技術に対して、与えられてきたものが、今まで主流であった。では、ビジネス方法の特許とは、いったい何であり、どのような場合にビジネス方法の特許として認められるのであろうか。ビジネスモデルとは、ビジネスを行うための仕組みや形態、方法を指すことが多い。つまり、ビジネス方法の特許とは、ビジネスの仕組みや方法に関する特許のことであるということができる。

もともと、ビジネス方法の特許は、アメリカで生まれたものである。アメリカ航空宇宙局（NASA）や、冷戦終結後のアメリカ国防総省の技術者が、金融界へ転身し、そこで考案した発明に対して特許権を主張したことが始まりであるといわれている。

技術者にとって、特許権は身近な存在であるのに対し、金融界は特許とは無縁の存在であった。発明は何も工学的技術に限らない。高度な工学知識を持つ者が金融派生商品（デリバティブ）を考案・開発し、その特許権を主張したのは当然のことである。この動きは1980年代後半から活発となり、現在ではビジネス方法の特許が、市民権を得たといってよいであろう。

　ビジネスモデルなら、何でも特許になるのであろうか。バナナの叩き売りもひとつのビジネスモデルであるが、それは昔からよく行われた方法であり発明ではない。よって、特許にはなりえない。特許を受けるためには、「自然法則を利用した技術的思想の創作のうち高度のもの」（発明）である必要がある。これは、同法29条の特許を受けるための要件である。バナナの叩き売りには、新規性も進歩性もないことは明らかである。

　一般に、ビジネスの方法そのものは、特許の対象とされていない。今までに認められたビジネス方法の特許の多くは、新しいビジネス方法を、インターネットやコンピュータのIT技術で実現したものである。つまり、ビジネス方法の特許とは、「ITを利用して実現したビジネス手法に対して付与される特許」ということができる[243]。

　たとえば、アメリカでは、プライスライン・ドット・コムやアマゾン・ドット・コムをはじめとする、いわゆる「ドット・コム企業」と呼ばれる電子商取引を主体としたビジネスを行っている新興企業がある。これらは、新しいビジネスメソッドを、IT技術によって実現し成功をおさめている。

　ビジネス方法の特許は、ビジネスの方法や仕組みそのものに新しさがあり、ベースとなる技術には目新しさがない場合が多い。つまり、インターネットやコンピュータといったものを、どのように、何に使ったかという点に新しい部分が存在する場合が多い[244]。

13.4　ビジネス方法の特許の審査基準

　わが国の特許庁は2000年、ビジネス方法の特許についての審査基準を発表した。これは、同年6月に開催された日米欧の三極特許庁会談[245]で、

新規性・進歩性の基準について示されたガイドラインに基づくものである。

この審査基準では、「コンピュータとソフトウェアを一体として用い、あるアイデアを具体的に実現しようとする場合には、そのソフトウェアの創作は特許法上の『発明』に該当する。」ことを明確にした。

また、従来、コンピュータ・プログラムを記録した記録媒体を「物の発明」として取り扱い、保護することがわが国は実務上定着していたが、今回の審査基準の明確化により、「媒体に記録されていない状態のコンピュータ・プログラム」も「物の発明」として扱うようになった。

さらに、新規のビジネス方法を、公知のIT技術によって実現した発明の場合の進歩性の判断基準が明確化された。つまり、ITを用いてあるアイデアを具体的に実現する「発明」について、特許が成立するためには、「その『発明』を全体としてみて、そのアイデアに関連する個別のビジネス分野とIT分野の双方の知識を有する専門家でさえ容易に思いつくものではないと認められること」が必要とされた。

しかし、審査運用上は、アイデアを実現するためのシステム化技術自体は、公知の技術からなるものであっても、そのビジネス手法が独創的なアイデアであれば、「全体として」みた場合、進歩性が認められるとした[246]。

また、特許庁は、ビジネス関連発明については、「コンピュータ・ソフトウェア関連発明の審査基準」、「ビジネス関連発明に対する判断事例集」[247]を公表し、コンピュータ・ソフトウェア関連発明の審査がどのように行われるかを理解するための手助けとして、「特許にならないビジネス関連発明の事例集」を公表した。

ビジネス方法の特許は、発明が要件であるので、自然法則を利用した技術的思想の創作のうち、高度のものでなければならない。技術的思想ではないので保護するものではないとした事例として、特許第3023658号についての特許異議決定がある[248]。この事例は、指定場所へ指定日に送り届ける婚礼引き出物贈呈方法であったが、特許庁は、「社会的習慣の下での当事者間の了解に基づく人為的取り決めを利用したものであり、贈呈者、委託者の行為は自然法則に基づくものとはいえず、……」として特許を取り消し

た[249]。

13.5 ビジネス方法の特許に関する代表的な事件

ビジネス方法に特許を与えるべきか否かの議論は、ビジネス方法の特許の先進国であるアメリカにおいて、最初に行われた。この節では、代表的なアメリカの3つの事件を挙げることにしよう。

(1) ステート・ストリート銀行事件（ハブ・アンド・スポーク特許）

ビジネス方法の特許の有効性について争われたアメリカの判例に、ステート・ストリート銀行事件がある[250]。この事件は、シグネチャー・ファイナンシャルという金融機関が発明したハブ・アンド・スポーク（Hub and Spoke）特許（米国特許5193056）に対し、ステート・ストリート銀行が、その特許は無効であるとして提訴したことが発端である。連邦巡回控訴裁判所は、1998年、ハブ・アンド・スポーク方式に特許を認めた。

その後、アメリカ連邦最高裁も、翌1999年、控訴審判決を支持し、最終的に、発明者であるシグネチャー・ファイナンシャルが勝訴した。これにより、ビジネス方法の特許という存在が広く知られるようになり、アメリカで、ビジネス方法の特許ブームともいえるべき現象が起きることとなる。

ハブ・アンド・スポーク特許とは、投資信託の管理システムの特許であり、インターネット上で、複数の投資家から集めたファンド（スポーク）を一定の割合で統合し、単一のポートフォリオ（ハブ）に集め、その資金を金融商品に運用するデータ処理システムである。この方法を使うと資金が有効運用できるだけでなく、リスク分散もでき、管理コストも低く抑えることができる。

これに目をつけたステート・ストリート銀行は、シグネチャー・ファイナンシャルに、ライセンス供与を申し込んだ。しかし、条件が折り合わず、ステート・ストリート銀行は、このビジネスモデルは、特許として不適格であるとして提訴した。ちなみに第一審（連邦地裁）は、数学的アルゴリズムを使用しているため、会計士が計算機を使えばできるもので、特許としては不

適格と判示している。

　アメリカ連邦特許法101条[251]では、特許の対象を、①方法、②機械、③製品、④組成物の4つに絞っている。そして、当システムは「機械」（machine）にあたるとした[252]。また、除外対象の数学的アルゴリズムについて、連邦控訴審判決では、「数学的アルゴリズムであっても、有用で、具体的で、かつ、有形の結果（useful, concrete and tangible result）が生じるものであれば、特許の対象となりうる。」とした[253]。数学的アルゴリズムに対する「有用（useful）」、「具体的（concrete）」、「有形（tangible）」の3つの要件は、その後のビジネス方法の特許の審査基準に使用されることになる。

　ただし、アメリカ連邦最高裁の棄却後、アメリカの企業の多くは、一般に常識であると思われていたものまでが、特許になりうるという事実に驚き、企業の特許戦略の変更を余儀なくされたことは言うまでもない。その後、アメリカ企業では、「obviousness」（あたりまえ）と「non-obviousness」（あたりまえではない）の議論がさかんに行われた。また、アメリカ連邦最高裁の棄却後、連邦特許商標庁で審査がストップしていたビジネス方法の特許出願約100件が、一度に認められたといわれている[254]。

　このステート・ストリート銀行事件判決の背景は、アメリカのプロパテント政策（特許保護強化政策）とインターネットの普及が指摘されている[255]。1980年代に、レーガン政権はプロパテント政策を打ち出した[256]。これにより特許権の権利拡大、損害賠償額の高騰がもたらされた。また、1995年頃からのインターネットの爆発的な普及により、アイデアが、インターネットというインフラによって、短時間で事業化される現象がもたらされた。このような時代背景のなか、ビジネス方法の特許の進展がみられたことは注意すべきである。

(2) AT&T事件

　これも、アメリカで、新規性に関する問題が扱われた事件である。アメリカのAT&T社は、ビジネス方法の特許出願の多い会社である。AT&Tのマーケティング手法に関するビジネス方法の特許が侵害された事件がある。この

ビジネスモデルは、AT&Tの回線を使って長距離電話がかけられたとき、その受信者が、AT&Tの回線を使っているかどうかをチェックして、データベース上にその記録を残す。

その後、そのデータを基に、AT&Tの回線を使っていない受信者に、割安料金を提示して、AT&Tと契約を結ぶよう営業活動を行う。このように、この仕組みは、ビジネスモデルとしては極めて単純なものである。しかし、これがビジネス方法の特許として認められた[257]。

多くのアメリカ企業は、このビジネス方法の特許に対し、データベースを販売促進に使うのは、ごく「あたりまえ」（obviousness）であり、IT技術も特段目新しいものはないと考えていたようである。ところが、AT&Tは、この特許を取得してまもなく、競合他社であるエクセル・コミュニケーションズ社に対し、特許侵害を理由に訴訟を提起した。理由は、エクセル・コミュニケーションズ社が、同じようなビジネス手法を使って営業をしていたことである。これに対し、エクセル・コミュニケーションズ社は、このビジネス手法は、以前から使っていたものであり、かつ、このことは公知の事実であり、新規性は認められず、特許は無効であると主張した。

この結果、一審では、エクセル・コミュニケーションズ社が勝訴した。しかし、控訴審である連邦巡回控訴裁判所は、1999年、AT&Tの逆転勝訴を言い渡した。この裁判で、エクセル・コミュニケーションズ社が、以前から使っていたビジネス手法であることを主張したにもかかわらず、それが認められなかったことに対し、大きな波紋を呼んだ。

その後、アマゾン・ドット・コム社のワンクリック手法や、ショッピングカート手法のビジネス方法の特許訴訟が頻発したが、新規性に乏しく、かつ、「あたりまえ」（obviousness）のビジネス手法に、特許を付与し独占を認めるべきではないという批判が根強く残っている。

この事件の批判を受けて、その後、アメリカ特許商標庁[258]の特許付与率が低下した。この主な理由は、①レーガン政権以降続いてきたプロパテント政策が若干緩和されたこと、②ビジネス方法の特許の審査に必要な先行技術や公知事例のデータベースが充実してきたこと、③アメリカ特許商

標庁の「二重審査」が功を奏した、と考えられている[259]。

(3) アマゾン・ドット・コム事件（ワンクリック特許）

アマゾン・ドット・コム社のワンクリック特許事件を紹介しよう。これも、アメリカで大きな反響を呼んだ事件である。また、日米でビジネス方法の特許の判断基準が分かれた重要な事件である。アマゾン・ドット・コム社は、電子商取引による書籍販売を行う世界規模の書店である。

同社は、「ワンクリック特許」というビジネス方法の特許を、1997年に出願し、1999年に取得した（米国特許5960411）。ワンクリック・ショッピングとは、パソコンのマウスを1回クリックするだけで、ネットショッピングができるものである。

初回に入力した氏名、住所、カード情報などをクッキー（Cookie）[260]を使うことにより、次回からの買い物では、マウスを1回クリックするだけで、情報を再度入力する手間が省けるものである。これをビジネス方法の特許として特許権を得た。ところが、その直後、アマゾン・ドット・コム社は、当時、全米最大の書店であるバーンズ・アンド・ノーブル社に対し、特許侵害を理由に提訴した。その結果、シアトル連邦地裁は、バーンズ・アンド・ノーブル社に対して、ワンクリック特許の使用停止命令を出した。

ワンクリック手法は、ネットショッピングをするためには極めて便利であり、かつ、コンピュータ・エンジニアからすれば誰でも思いつく手法であると思われていた。よって、ワンクリック手法を使用すると、特許侵害になるという事実は、全米各地に大きな波紋を呼んだ。

さらに、アマゾン・ドット・コム社は、わが国の特許庁に対しても、2000年にワンクリック手法の特許出願を行った。しかし、特許庁に特許の成立を認めない「拒絶理由」を通知した。その理由は、先行技術（公知事例）の存在により進歩性の要件を満たさないということであった[261]。この結果、ワンクリック手法に関しては、日米の特許庁で結論が分かれる事態となった。

この理由は、ビジネス方法の特許に対する、国際的な基準が不明確であることと、先行技術に対する調査の程度の差であろう。なお、世界最大のネッ

トショッピングモールである楽天市場は、1回ごとにパスワードを入力することにより、ワンクリック特許侵害を避けている。

多くの者が「あたりまえ」（obviousness）であると思われるビジネス手法を特許として出願し、特許権を取得した企業は、社会から反発を買うおそれがある。アマゾン・ドット・コム社も、その例外ではなかった。ワンクリック手法の1社独占は、消費者に不便をもたらすという批判から、2000年には、アマゾン・ドット・コム社に対する不買運動がアメリカ各所に広がっていった。それに呼応するかのように、同社会長から特許期間を2～3年に短縮すべきという特許法の改正案が提唱された。

しかしながら、特許の権利保護機関の変更は、特許ライセンスを大きな収入源としている発明家や企業にとっては、見過ごせない問題である。知的財産権の権利保護と独占禁止法との関係は、国民経済の健全な発達のため、一方で発明者や著作者の経済的利益を保護しつつ、他方で公平な競争を保障するという社会的な調和が必要であろう。そのためにも、知的財産権に対する世界的な公平なルール作りが不可欠である。

注
(240) 商品の種類の約20～30％が、売上全体の半分を占め、残りの種類の70～80％が「死に筋」商品として存在し、営業努力の対象からはずれる。インターネットを利用した販売では、「死に筋」商品を掲載することにより、「死に筋」商品ではなくなり、売上を期待できる。これをグラフに描くと、「死に筋」商品は、長い恐竜の尻尾に相当する。このため、これをロングテールという。
(241) コンピュータと統計的手法を使って、各データの相関関係を見つけ、それを販売戦略に活かすことができる。小売業の、おむつとビールの関係が有名である。
(242) アメリカでは、ビジネス方法の特許は、クラス705（データ処理関連特許）に分類される。
(243) 牧野・前掲注（6）132頁。
(244) 古谷栄男「ビジネス方法の特許の基礎（A Grounding in Business Model Patent）」(http://www.furutani.co.jp/office/ronbun/BPBasic.html)（2006年10月3日アクセス）。
(245) 世界の重要特許の大部分は、日本特許庁（JPO）、アメリカ特許商標庁（USPTO）および欧州特許庁（EPO）の三庁で審査されていることから、三庁に共通の課題を協力して解決することを目的として、1983年から毎年、三極特許庁会合を開催している。
(246) 小島国際特許事務所（2001年）(http://www.kojima-pat.com/)（2006年10月3日アクセス）。
(247) 特許庁 (http://www.deux.jpo.go.jp/)（2006年10月3日アクセス）。
(248) 意義2000-72674、平成13年4月18日決定。
(249) 内田＝横山・前掲注（9）67頁。

第13章 ビジネス方法の特許

(250) State Street Bank&Trust Co., v. Signature Financial Group Inc., 149F.3d1368（Fed.Cir.1998）, cert.denied, 119S.Ct.851（1999）.
(251) Statutory Subject Matter（Section 101）：新規かつ有用な方法（process）、機械（machine）、製品（manufacture）、組成物（composition）、またはこれらの新規かつ有用な改良を発明ないし発見した者は、この法律に定める条件および要件に従って特許を受けることができる。
(252) 牧野・前掲注（6）65頁。
(253) 内田＝横山・前掲注（9）66頁。
(254) 牧野・前掲注（6）65頁。
(255) 古谷・前掲注（244）。
(256) レーガン政権下で提出されたヤングレポートが起源。
(257) 1992年特許出願、94年特許許可、米国特許（USP）5333184。
(258) US Patent and Trademake Office（http://www.uspto.gov/）（2006年10月3日アクセス）。
(259) 牧野・前掲注（6）142頁。
(260) ウェブサイトの提供者が、ウェブブラウザを通じて訪問者のコンピュータに一時的にデータを書き込んで保存させる仕組み。
(261) 特許庁の拒絶理由通知のなかで、先行技術（公知事例）として引用されたものは、ソニーの同様の特許出願と、「ユーザインターフェースデザイン」という文献であった。

第14章

裁判管轄と準拠法

《本章のねらい》

　外国のショッピングサイトにアクセスし、商品を購入したが商品に欠陥があった場合は、買主はどうしたらよいか。やっとの思いで販売業者に連絡をつけたが、相手がまったく応じてくれないため、トラブルになるケースは多い。
　国際的な紛争が生じた場合、どの国の裁判所に訴えることができるかという国際裁判管轄の問題と、どの国の法律を使うかという準拠法の問題が、重要な問題となる。
　この章では、インターネット上で、国境を越えるトラブルが発生した場合の、国際裁判管轄と準拠法について考えてみよう。

14.1 国際裁判管轄

　インターネットの世界には国境がない。クリックひとつで国境のない世界に入ることができ、国際的な契約も可能である。しかし、その反面、いったんトラブルが発生すると、国境をまたがる民事紛争に発展する可能性が高い。民事紛争が国際的なものである場合、どの国の裁判所に訴えることができるのか、また、その解決にはどの国の法律によるべきか、が問題となる。

　外国のショッピングサイトにアクセスし、商品を購入したが商品に欠陥があった場合は、どうしたらよいのであろうか。やっとの思いで販売者に連絡をつけたが、相手がまったく応じてくれない場合をはじめ、トラブルになるケースは多い。また、このような契約上の債務不履行のケースではなく、名誉毀損、プライバシー侵害や著作権侵害の不法行為となるケースもある。

　どの国の裁判所に訴えることができるかという問題は、その事件につき国際的に、どの国が裁判を行う権限があるかという問題であり、これを国際裁判管轄という。次に、紛争解決に使う法律は、どの国の法律であるかを決定する必要があるが、これを準拠法という。

　両者は密接に関係しており、準拠法を決定するのは、裁判管轄があって実際に裁判が行われる国（法廷地国）の法律である。なお、国際的な民事紛争に関する分野を、国際私法または抵触法もしくは国際民事訴訟法と呼ぶ。わが国の国際私法として「法の適用に関する通則法」という法律がある。

　特定の国間での条約がある場合には、それに従うことになる。たとえば、EUの「民事及び商事に関する裁判管轄並びに判決の執行に関する条約」（ブリュッセル条約）および欧州自由貿易連合（EFTA）の「ルガノ条約」がある。適用すべき特別な条約がない場合は、各国の民事裁判権に対する考え方に委ねられ、各国の国内法により、自国の国際的な裁判管轄を決定することになる。

　基本的には、経済取引の場合、当事者同士が、契約時にある特定の地を裁判管轄の地として合意した地が裁判管轄の地となり、その地の法律が適用さ

れることになる。

本章では、アメリカの裁判管轄の事例を概観し、資金移転、知的財産権問題、わが国の法令、代表的裁判例について見ていくことにしよう。

14.2 アメリカの裁判管轄事例

アメリカで、インターネットに関わる訴訟が提起された場合、最も頻繁に議論される問題のひとつが、インターネット上の行為について、どの裁判所がその事件に対する裁判管轄権を有するかという問題である。この問題は州際間の裁判管轄の問題として、インターネットが出現する以前から議論されてきた。

たとえば、インターネット上で電子モールと取引をした消費者（原告）が、同消費者の本拠地（州）で、その電子モール運営業者に対して訴訟を提起した場合を考えてみよう。電子モール運営業者（被告）が、消費者から遠隔地にある場合、電子モール運営業者は、このような訴訟に対応するのは不便であると同時に費用がかさむことになる。このような場合、電子モール運営業者は、原告である消費者が訴訟を提起した法廷地に対しては、実質的な接触が一切なく、同法廷地を管轄する裁判所には、紛争処理を行う裁判管轄権がないと主張して、法廷地の選定について争うことになる。それに対し、原告である消費者は、その法廷地から被告のウェブサイトにアクセスできるということは、同法廷地を管轄する裁判所が被告に対しても裁判管轄権を行使できるという十分な証拠になると反論することが考えられる[262]。

以下は、代表的な裁判管轄に関する事件である。

(1) CompuServe, Inc. v. Patterson 事件

この事件は、インターネット上の人的裁判管轄権（personal jurisdiction）についての初期の裁判例である。原告である CompuServe 社は、オハイオ州の会社で、インターネット接続プロバイダであった。一方、被告の Patterson はテキサス州の住人であり、CompuServe 社のインターネット接続サービスを受けていた。さらに、Patterson は、シェアウェアを

CompuServe 社に提供しており、同社とシェアウェア・ソフトウェア登録契約を結んでいた。ところが、CompuServe 社は、Patterson のソフトウェアに類似したソフトウェアを、Patterson の標章に類似した標章を使って販売し始めた。このため、Petterson は、CompuServe 社に示談金として金員を求めたところ、CompuServe 社は、商標権侵害不存在確認訴訟をオハイオ州の裁判所に提起した。このため、Patterson は、オハイオ州の裁判所が Petterson に対して人的裁判管轄権を行使するために十分な、Petterson のオハイオ州との接触がなかったことを出張した。

　一審はオハイオ州の人的裁判管轄権を否定した。しかし、控訴審である第6巡回区連邦控訴裁判所は、① Petterson は、CompuServe との間でオハイオ州法を準拠法とするシェアウェア登録契約（Shareware Registration Agreement/SRA）を結んでいた、② Petterson は、オハイオ州および他州にソフトウェアを販売する目的で CompuServe 社を利用しており、自ら意図的にオハイオ州においてビジネスを展開していた、という2つの理由で、オハイオ州の裁判所の人的司法管轄権を肯定した[263]。

(2) **Zipp Manufacturing Company v. Zippo Dot Com, Inc. 事件**

　これも同じく、人的裁判管轄権で有名な事件である。原告である Zipp Manufacturing 社は、ペンシルバニア州にある Zippo ライターの製造会社であった。一方、被告である Zippo Dot Com 社は、カリフォルニア州のウェブサイトやインターネット・ニュース・サービスを提供している会社であった。被告のニュース・サービスの契約者は、ペンシルバニア州で約3,000人おり、全体の約2%を占めていた。このように同じ名称のため、Zipp Manufacturing 社は、ペンシルバニア州西部地区連邦地方裁判所に、Zippo Dot Com 社に対し商標権侵害の理由で提訴した。これに対し、Zippo Dot Com 社は、同社に対する人的裁判管轄権がないことを理由に同訴訟の却下を求めた。

　これに対し裁判所は、インターネット上のウェブサイトを以下の3つのカテゴリーに分け、以下の ZIPPO 理論といわれる新しい法原理を導いた。①ウェブサイト運営業者が州外居住者と契約を締結するために用いるウェブ

サイトの場合は、ウェブサイト運営業者に対する管轄権は認められる。

②ユーザが、ホストコンピュータと情報交換を行うことを可能とするウェブサイトの場合には、管轄権の行使の可否は、そのウェブサイトでなされる情報交換の相互作用性の程度と、情報交換の商業的な性質を勘案して決定する。

③単に情報を掲げるだけの受動的ウェブサイトの場合は、一般に、人的裁判管轄権はない。

　裁判所は、Zippo Dot Com 社は、上記カテゴリーの ① に当たるとし、人的裁判管轄権を肯定した[264]。現在は、若干の例外[265]はあるものの、アメリカでは多くの裁判所は、上記の裁判で用いられた 3 つのカテゴリーに分けることが行われている。また、多くのウェブサイトのサービス利用規約では、その中に裁判地選択条項を取り入れる傾向がある。さらに、ウェブサイト運営業者と利用者の間で、法廷地選択条項を閲覧する機会を設け、それに対する同意が行われたことが明らかであり、かつその条項が不合理でないときは、アメリカの裁判所は、この法廷地選択条項に従う判断を下す傾向がある。

14.3　資金移転

　第 10 章でも述べたように、1990 年代になってから、Fedwire（連邦決済システム）や CHIPS（ニューヨーク州決済システム）が登場し、決済をめぐる紛争処理の仕組みが大きく変わったことを受け、UCC 第 4A 編が新たに規定された。Fedwire は、FRS 運営の銀行間資金決済・国債決済システムであるのに対し、CHIPS は、民間の銀行決済システムである。とくに CHIPS（Clearing House Interbank Payment System）はニューヨーク州の決済システムであり、ニューヨーク州は州法として UCC を採用している。

　国際規模で行われる資本取引にとって、早く、かつ正確に決済を終了させることが必要であり、決済システムの安定性がその条件となる。決済システムの安全性を高めるには、決済リスクそのものを削減する必要がある。決済

リスクは、取引が大きくなればなるほど大きくなる。よって、未決済残高そのものを削減する必要がある。そのためには、取引の最終決済が完了するまでの時間を、できるだけ短くする必要がある。そのためには、RTGSが不可欠である。

　RTGS（Real Time Gross Settlement）とは「即時グロス決済」のことであり、「時点ネット決済」と並ぶ中央銀行における金融機関間の口座振替の手法のひとつである。「時点ネット決済」では、金融機関が中央銀行に持ち込んだ振替指図が一定時点まで蓄えられ、その時点で各金融機関の受払差額が決済される。一方、「RTGS」では、振替の指図が中央銀行に持ち込まれ次第、ひとつひとつ直ちに実行される。現在は、この優れた機能のため「RTGS」が国際標準となっている[266]。日銀ネットは2001年導入であるが、Fedwireは早くから導入しており、CHIPSも決済システムの安定性に優れている。このような理由から、民間の資金移転には、CHIPSが使われており、その実質的な準拠法は、ニューヨーク州のUCCであるといえる。

　この決済システムの安定性が、大きく問われた事件が1991年に起きた。この事件は、マネーロンダリングに染まったルクセンブルク籍のアラブ系銀行であるバンク・オブ・クレジット・アンド・コマース・インターナショナル（BCCI）と邦銀がかかわった事件である。BCCIが、東京市場が閉鎖したあとで当局から資金凍結処分を受けた。そのため、一部邦銀が、本来ならば受け取るはずだった資金が受け取れなくなった。

　通常、為替取引においては、スポット日（取引日の2営業日後）に決済を行う。そこで、BCCIと「ドル買い円売り」取引を行っていた銀行は、資金決済日にアメリカよりも時間が早い日本でBCCIの円口座に円を振り込んだ。通常ならば12時間後（日本時間は深夜）には、ドルが、BCCIから円を送金した銀行の口座に振り込まれ、双方の決済が終了するはずであった。ところが、その12時間の間に、BCCIの口座が凍結され送金できなくなってしまったため、日本円をBCCIに送った銀行は決済不能となり、大きな損失を蒙ることになってしまった。

　この事件の前にも、1974年にドイツのヘルシュタット銀行が破綻した際

には「ドル買いマルク売り」を同行と行っていた金融機関が、同じように時差で資金が受け取れなくなったことがあった。このように、時差による決済不履行リスクのことを「ヘルシュタット・リスク」という。

このように決済システムの安定性は極めて重要であり、国際間決済ではCHIPS が大きな役割を果たしている。CHIPS はニューヨーク州決済システムではあるものの、外国為替取引、ユーロドル取引をはじめ国際金融取引に伴う資金決済をになうニューヨーク手形交換所協会が運営するシステムであり、ニューヨーク手形交換所の正会員と国際金融業務を専門的に行う銀行が、ニューヨーク連邦銀行に口座を持つ預金口座で決済される世界最重要の決済システムである[267]。

14.4 知的財産権と条約

知的財産を保護する国際条約がいくつかあるが、各国の知的財産に関する法律は、基本的に属地主義を採用しており、世界共通の知的財産に関する法律は存在しない。しかし、知的財産権の分野では、「工業所有権の保護に関するパリ条約」、「文学的および美術的著作物の保護に関するベルヌ条約」、「著作権に関する世界知的財産権機関条約」（WIPO 著作権条約）および「知的財産権の貿易関連の側面に関する協定」（TRIPs 協定）が重要な条約として効力を維持している。とくに WIPO 著作権条約は、わが国の著作権法の改正の直接の引き金になった。

「工業所有権の保護に関するパリ条約」は、特許法、意匠法のような工業所有権を保護する。調印は 1883 年であり、世界で 2 番目に古い条約である[268]。その後、何度か改正された。この条約の加盟国で出願すると、特許に関しその加盟国の国民と同等の権利を得ることができる。また、新規性などの特許要件に関して、優先的利益を得ることができる。わが国は、1899年に加盟国となった。

「工業所有権の保護に関するパリ条約」は、当初世界統一法を目指していたが、各国の利害対立が激しく、属地主義を基盤とした国際的調整法の色彩

が濃い。基本的に、各国が外国人に対して、自国民よりも不利な扱いをしてはならないという内国民待遇を、パリ条約の大原則とした[269]。

「文学的および美術的著作物の保護に関するベルヌ条約」は、1886年に締結されたが、著作権に関する条約である[270]。この条約では、著作権の発生に、なんら手続を要しない無方式主義を採用した。ベルヌ条約に関する事務は、全世界の知的財産権保護の促進・改善を目的とする世界知的財産権機関（WIPO）[271]が行っている。

ベルヌ条約の主な原則は、① 内国民待遇（加盟国が外国人の著作物を保護する場合に、自国民に与えている保護と同等以上の保護および条約で定めている保護を与えなければならない。）、② 法廷地法原則（著作権の保護範囲および救済方法については、条約の規定によるほか、保護が要求される国の法令による）、③ 無方式主義（著作権の享有には、登録、作品の納入、著作権の表示などのいかなる方式も必要としない）、④ 遡及効（条約は、その発行前に創作された著作物であっても、発行時にその本国または保護義務を負う国において保護機関の満了により公有となったものを除き、すべての著作物に適用される）の4つである。

「著作権に関する世界知的財産権機関条約」（WIPO著作権条約）は、ベルヌ条約の各国の合意の困難さを打開するために、WIPOが中心となって条約としたものである。ベルヌ条約は、1971年に最終の改正が行われたが、その後のIT関連技術の発展や、社会情勢の変化が急激に進んだ。ところが、ベルヌ条約は、加盟国の全会一致を基本原則としていたため、各国の利害調整が大きな問題であった。

これを打開するため、ベルヌ条約20条により、ベルヌ条約が許与する権利よりも、広い権利を著作者に与える「付属条約」を設けることにし、各国がこれに批准することにより、IT関連技術の発展に対応した著作権保護を目指すこととなった。この「付属条約」が、1996年に採択された「著作権に関する世界知的財産権機関条約」（WIPO著作権条約）である[272]。

同条約では、加盟国に対し、ベルヌ条約上の基本原則（無方式主義、内国民待遇）を堅持した上で、さらに次のような新たな保護を与えた。新たな

保護とは、①コンピュータ・プログラムの保護（4条）、②データその他の素材の編集物およびデータベースの保護（5条）、③著作物の譲渡権の保護（6条）、④コンピュータ・プログラム、映画の著作物およびレコードに収録された著作物に関する商業的貸与権の保護（7条）、⑤著作物の有線または無線による公衆への伝達権の保護（8条）、⑥写真の著作物の保護期間の通常著作物との同等化（9条）、⑦著作物の技術的保護手段回避に関する規制（11条）、⑧著作物の電子的権利管理情報の除去・改変等の規制（12条）、である。

「知的財産権の貿易関連の側面に関する協定」（TRIPs協定）[273]は、1994年にモロッコのマラケッシュで締結された「世界貿易機関を設立するマラケッシュ協定」[274]の付属書1Cとして成立し、1995年に発効した。この協定は世界貿易機関（WTO）の加盟国に適用され、加盟国は協定実施の義務を負っている。

この協定は、著作権、商標、地理的表示、意匠、特許など知的財産権を包括的にカバーし、知的財産権の保護の最低の水準を定め、権利行使の手続、紛争解決手続についても規定している。これは、加盟国は知的財産権の保護が求められるだけでなく、その侵害に関する効果的な救済措置を提供する義務を負うことになる。また、加盟国は、知的財産権に関する紛争について、世界貿易機関（WTO）の紛争解決手段を利用することができる[275]。

14.5 Yahooフランス事件

インターネットの世界では国境がない。クリックひとつで誰でもが国境を越え、外国のサイトにアクセスできる。しかし、国家主権という名の下に、各国では独自の法律をもつ。ある国では合法であるものが、ある国では違法であることは決して珍しいことではない。

アメリカのヤフーのオークションサイトで、旧ナチスドイツの商品が競売にかけられた。旧ナチスドイツが使用していたものは、当時のファシズムを思い起こすだけでなく、ネオナチのように、今も根強く旧ナチスドイツ[276]

の思想を受け継ぐと称する極右政局の政治団体があり、これらの組織が旧ナチスドイツの記念品を買い求める傾向がある。

フランスは、人種差別的意味合いを持つ物品を展示・販売することは違法とされる。よって、これらの旧ナチスドイツの記念品を、オークションサイトといえども販売をすることは違法行為としていた。ところが、一方の販売元のアメリカ国内では違法とはされていなかった。

このため、フランスの裁判所は、2000年、アメリカ・ヤフー社の子会社であるヤフー・フランス社に対し、「ヤフー社が運営する英語サイトでナチスの記念品が売買されていることが容認されていることにより『国家の集団的記憶』が侵害された。」との判断を下し、フランス国民がナチス記念品のオンライン販売にアクセスできなくするよう命令を下した。

これに対し、ヤフー・フランス社は、「この問題はヤフー社の範囲を超えるものだ。ポイントは、伝統的にメディアが国境によって閉ざされてきたのと同様に、インターネットに閉ざされた運命を与えようと考えるかどうかだ。この判決は、世界中のインターネット・ユーザにとって危険な先例を作る可能性がある。」と反論した。また、同社は、「この判決に完全に従うことは技術的に不可能である。」と言及した[277]。

このフランスの裁判所の判決は、フランス国家主権の及ぶフランス国内のみ執行できるのであり、アメリカのヤフーに対して、販売を中止することが可能かどうかが争点となった[278]。

同じような問題が、ドイツ国内でも発生した。ヤフー・ドイツ社が、アドルフ・ヒトラーの自伝『わが闘争』を販売したため、ドイツ国内でも大きな抗議がなされた。とくに、ユダヤ人コミュニティは、「反ユダヤ的な著作物や人種差別的、外国人差別的な著作物を、インターネットを通じて販売する行為は禁止されるべきだ。」と言及した。

しかし、ドイツ国内では『わが闘争』の書物自体は違法ではない。違法行為は、インターネットを介してこれを無制限に販売することである。2001年、アマゾン・ドット・コム社が、『わが闘争』を販売していることが明らかになり、ドイツで大論争が起こった。

インターネットで販売が禁止されている理由について、ドイツ司法省は、「町の書店に行けば、そこには販売員がいて、客の顔を直接見ながら、たとえば相手が学生で、本当にその本に興味を持っているかどうかといったことが判断できる。禁止されているのは本そのものではなく、だれかれかまわずそれを販売する行為だ。インターネットを通じて売れば、どんな人間がそれを買おうとしているのかまったくわからない。誰にでも与えること、それが禁止されているのだ。また、ドイツ国内で販売されているのは編集版のみでオリジナル版はない。」とコメントした[279]。

ただし、ヤフー・ドイツ社の問題とヤフー・フランス社の問題は事情が異なる。フランスの場合は、インターネットを媒体に世界規模でビジネスを展開しているアメリカ企業が問題にされたのに対し、ドイツの場合は、インターネットを媒体に、ドイツ国内でビジネスをしているドイツ企業を問題にした。

フランスの裁判所の判決に対し、2001年、アメリカの連邦裁判所は、フランスの裁判所の判決をアメリカ国内で執行することは、アメリカ合衆国憲法修正1条の表現の自由を侵害することを理由として認めなかった。一方、同裁判所は、「アメリカ・ヤフー社は、フランスのヤフー子会社が、サイトの利用を防止するために誠実な努力をしていれば、アメリカ・ヤフー社は法的な制裁を受けることはない。」と判示した[280]。ヤフー・フランス事件は、インターネットの規制のあり方は各国で異なると同時に、裁判所の判決の国際的な効力に対して問題を提起した事件である。

14.6 法の適用に関する通則法

本節以降、わが国の裁判管轄および準拠法に関する規定を整理しておこう。14.1節「国際裁判管轄」でも述べたように、わが国には「法の適用に関する通則法」という法律がある（平成18年6月21日法律78号）。この法律は、国際的な取引の増加、多様化の社会経済情勢の変化、および近時における諸外国の国際私法に関する法整備の動向にかんがみ、法例（明治31年6

月21日法律10号）の全部を改正して、題名を「法の適用に関する通則法」に改めたものである。同法は、法律行為、不法行為、債権譲渡に関する準拠法の指定に関する規定を整備するとともに、表記を現代語化したものである。

同法は、当事者による準拠法契約の選択に関し、「法律行為の成立および効力は、当事者が当該法律行為の当時に選択した地の法による。」と規定している（同法7条）。つまり、同法は、契約の成立や効力は当事者の意思を尊重し、どの国の法律によるかは当事者の意思に従うとしている。これは当事者自治の原則を基本にした考えであり、当事者間の契約上に特約があった場合には、基本的にそれが優先することになる。

契約の準拠法選択において当事者自治を認めず、客観的に決定される契約履行地や契約締結地の法を準拠法とする原則を採用している国もあるが、国際的には、契約の準拠法選択の自由を原則とする国が大勢を占めている[281]。これにより、契約当事者に、予測可能性や法的安定性をもたらすことができる。

また、同法は、当事者による準拠法の選択がない場合、「前条の規定による選択がないときは、法律行為の成立および効力は、当該法律行為の当時において当該法律行為に最も密接な関係がある地の法による。」と規定している（同法8条1項）。法律行為（たとえば契約締結）の準拠法については、当事者による合意がない場合、旧法では行為地法、つまり契約を締結した地の法によることとされていたが、インターネットを介した取引では契約を締結した場所が不明確であった。今回の改正では、これを法律行為（契約）に最も密接に関係する地の法によることと改めた。

また、不法行為について同法は、「不法行為によって生ずる債権の成立および効力は、加害行為の結果が発生した地の法による。ただし、その地における結果の発生が通常予見することのできないものであったときは、加害行為が行われた地の法による。」と規定している。これも今回見直された点であり、不法行為によって生ずる債権の成立および効力に関する準拠法について、規定を明確にする必要から、旧法の原因事実発生地によるとする規定

を改め、原則として結果発生地法（結果発生地が通常予見不能の場合には加害行為地法）によるものとした。また、現代の多様な不法行為に対応するため、生産物責任および名誉・信用の毀損に関する特例規定を設けた。

主な改正内容は、以下の通りである[282]。

① 法律行為の成立および効力に関する準拠法について、当事者による選択がない場合には、法律行為の当時における当該法律行為の最密接関係地法によるものとすること。
② 消費者契約の成立、効力および方式、ならびに労働契約の成立および効力について、消費者および労働者の保護の観点から、消費者の常居所地法または労働契約の最密接関係地方中の特定の強行規定を適用する旨の主張をすることができるものとすること。
③ 不法行為によって生ずる債権の成立および効力に関する準拠法について、原則として結果発生地法（結果発生地が通常予見不能の場合には加害行為地法）によるものとするほか、生産物責任および名誉・信用の毀損に関する特例規定を設けること。
④ 債権の譲渡の債務者その他の第三者に対する効力について、譲渡にかかる債権の準拠法によるものとすること。

14.7　民事訴訟手続き

どの国の国際私法が適用されるかは、どの国が法廷地になるかによる。わが国の裁判所で訴訟を提起する場合、わが国の国際私法が適用され、それにより準拠法が決められ、それに基づいて裁判が行われる。よって、理論的には、わが国に裁判所が外国法を準拠法にすることも可能である。しかし、外国法に精通している裁判官がいればともかく、実質的に、大半は日本法が準拠法になる。

実際に国際的な民事紛争が起き、わが国の裁判所に提訴する場合、裁判管轄がわが国にある必要がある。そのためには、法の適用に関する通則法だけでなく、民事訴訟法もよりどころにしなければならない。

民事訴訟法では、普通裁判籍による管轄に関し、「① 訴えは、被告の普通裁判籍の所在地を管轄する裁判所の管轄に属する。② 人の普通裁判籍は、住所により、日本国内に住所がないとき又は住所が知れないときは居所により、日本国内に居所がないとき又は居所が知れないときは最後の住所により定まる。③ 略。④ 法人その他の社団又は財団の普通裁判所は、その主たる事務所又は営業所により、事務所又は営業所がないときは代表者その他の主たる業務担当者の住所により定まる。⑤ 外国の社団又は財団の普通裁判所は、前項の規定にかかわらず、日本における主たる事務所又は営業所により、日本国内に事務所又は営業所がないときは日本における代表者その他の主たる業務担当者の住所により定まる。⑥ 略。」と規定する（民訴法4条）。

　被告の住所地の管轄は、応訴を強いられる受動的な立場を考慮したものであり、国際的にも基本原則として一般に認められている。国際裁判管轄の場合にも、被告の住所地（国）の管轄は、事件の種類を問わない原則的管轄と考えられている[283]。

　企業や法人の場合には、その主たる事務所の所在地が住所に相当する。このように、インターネット国際契約の場合も、基本的には、買主が訴訟を提起する場合は売主の住所地の管轄となる。ただし、日本国内に外国法人の事業所がある場合には、日本が管轄地となりうる。しかし、国際事件がわが国に所在する事業所の業務等と関連を有する場合に限るべきであるとする見解が有力である[284]。

　また、民事訴訟法は、「次の各号に掲げる訴えは、それぞれ当該各号に定める地を管轄する裁判所に提起することができる」と規定し（民訴法5条）、同条1号では、「財産上の訴え　義務履行地」と規定している。これは、ローマ法からの伝統的な考え方であるが、契約紛争に限る見方が有力である。

　インターネット取引の場合、商品の発送地を義務履行地と見るか、受領地を義務履行地と見るかによって大きな違いが出てくる。消費者保護の観点からは、受領地を義務履行地と見るべきである。しかし、多くの売買契約の場

合、私的自治の原則により当事者間で履行地を合意することになるが、一方が消費者の場合、約款であらかじめ義務履行地を発送地として特約を結ぶ場合もある。このような場合、たとえ特約された履行地であっても、当事者の公平等の理念に反する場合や消費者が一方的に不利になる場合には、消費者契約法 10 条により特約を無効とすることも可能であろう。

ただし、インターネットを経由して、デジタルコンテンツがダウンロードされる場合は、履行地の決定はむずかしい。この場合、役務提供としてダウンロードされるコンピュータの所在地を履行地とする考え方がある。アメリカの電子情報取引法（UCITA）は、準拠法に関し、オンラインによる情報提供契約をライセンス契約と性質決定し、オンラインで情報コンテンツが送られる場合にはライセンサーの住所地の法を準拠法とするが、CD などの有体物で送られる場合には、受領地の法を準拠法としている[285]。

なお、契約準拠法の決定につき、ブラジルやパラグアイは、契約当事者の意思とはかかわりなく、契約履行地や契約締結地を準拠法とするという国際私法のルールを有する国もある[286]。また、ドイツでは、履行地の合意を商法上の商人間の契約の場合に限る[287]。このような国の国際私法が適用されると、当事者が準拠法を日本として合意したとしても、他国の法律に基づき解釈される可能性がある。

以上、わが国の裁判所に提訴された場合の裁判管轄および準拠法を見てきたが、外国の裁判所に提訴された場合は、原則、その国の法律により国際裁判管轄が判断されることになり、わが国の原則は関係しない。しかし、外国でなされた裁判の結果下された外国の判決が、わが国においても判決として効力が及ぶかどうか問題となる。外国の判決がわが国で効力を有するためには、わが国がその判決を承認する必要がある。

民事訴訟法では、「外国裁判所の確定判決は、次に掲げる要件のすべてを具備する場合に限り、その効力を有する。① 法令または条約により外国裁判所の裁判権が認められること。② ～ ④ 略。」と規定し（民訴法 118 条 1 号）、その承認に際し、判決国がわが国の基準に従い国際裁判管轄を有していたことが要件とされている。

14.8 消費者保護

　国際私法では、当事者同士の準拠法選択の自由が認められ、わが国の法の適用に関する通則法でもそれを認めている。これは当事者の予測可能性および法的安定性をもたらすものである。しかし、無制限にこれを認めた場合、せっかくわが国の消費者保護法制で保護されるべきものが、他国を準拠法としたばかりに、十分な保護を受けられない可能性が生じる。

　とくに、インターネット上の契約では約款が多く使用されており、売主の都合のよい準拠法の決定を強いられる恐れもある。準拠法選択の自由とはいっても、多くの消費者は意識することなく、売主に提示された約款を見ることもなく売買契約を結んでいることが多い。よって、準拠法選択の当事者自治の原則になんらかの制限を加えることが議論されている。しかし、その根拠となる理論や範囲については論者によって、見解がわかれているようである[288]。このうちいくつかを紹介しよう。

　いずれの法律も、強行法規的なものと任意法規的なものとがある。また、公法的なものと私法的なものがあるが、このうち公法的性質を有する強行法規については、国際私法の範囲外とする考え方がある。しかし、何をもって公法的なのか私法的なのかが明確な区別がなく、また、この理論により、消費者保護の進んでいる外国法が適用されない恐れもある。

　また、強行法規のなかには準拠法にかかわりなく、常に適用されるべき絶対的な強行法規があり、自国法が準拠法になった場合にのみ、適用される相対的強行法規と区別するという考え方がある。しかし、何が絶対的であるのか明確な定義はない。絶対的な強行法規の例として、外為法、独占禁止法、労働法がある。

　現在の通説的な考え方は、準拠法が外国法であっても公序良俗に反する場合には、それを排除するという考え方である。これは法の適用に関する通則法42条（旧法例33条）に基づくものである。ただし、国際私法の公序の概念は、民法上の公序良俗の概念よりも厳格である[289]。よって、一夫多妻

制や重婚は、一部の外国で認められているものの、わが国の社会秩序に重大な影響を与えるような例外的な場合のみ、外国法の適用が制限される。

　国際的な統一ルールとして注目されているのが、強行法規の特別連結理論である。これは、契約関係に実質的な関係をもつ第三国の強行法規の適用を認めようというものである。この考え方は 1980 年に締結された EU の「契約債務の準拠法に関するローマ条約」で取り入れられている。

注

(262) 増井＝舟井＝アイファート＆ミッチェル『米国インターネット法』(ジェトロ、2002 年) 98 頁。
(263) CompuServe, Inc. v. Patterson, 89 F.3d 1257 (6th Cir, 1996).
(264) Zipp Manufacturing Company v. Zippo Dot Com, Inc., 952 F. Supp. 1119 (W.D. Pa. 1997).
(265) Panavision International, L.P. v. Toeppen, 141 F. 3d 1316 (9th Cir. 1998).
(266) 日本銀行ホームページ (http://www.boj.or.jp/) (2006 年 10 月 7 日アクセス)。
(267) http://www.tradition-net.co.jp/kouza/gross_kouza/gross3.htm (2006 年 10 月 7 日アクセス)。
(268) 世界で最も古い条約は、万国郵便条約である。
(269) PARIS CONVENTION: For the Protection of Industrial Property of March 20, 1883, As Revised at Brussels on December 14, 1900, At WashinHague on November 6, 1925, At London on June 2, 1934, At Lisbon on October 31, 1958, And at Stockholm on July 14, 1967, and on September 28, 1979.
(270) 1971 年、パリにおいて最終改正 (パリ改正条約)。
(271) World Intellectual Property Organization/WIPO. (http://www.wipo.int/portal/index.html.en) (2006 年 10 月 3 日アクセス)。知的財産の利用や保護の促進に貢献することを目的とする国際組織。国連の専門機関であり、スイスのジュネーブに本部が置かれている。1996 年 12 月には、WIPO の外交会議で、インターネットなど電子ネットワークに世界で初めて対応した著作権関係の条約として、WIPO 著作権条約および WIPO 実演レコード条約が採択された。また、ICANN の統一ドメイン紛争解決方針に基づき、1999 年 12 月から、WIPO はドメイン名紛争解決サービスを開始しており、多数のドメイン名紛争を解決している (IT 辞典) (http://dictionary.rbbtoday.com/Details/) (2006 年 10 月 3 日アクセス)。
(272) WIPO/CRNR/DC/94/COPYRIGHT TREATY (1996). (http://www.wipo.int/treaties/en/ip/wct/) (2006 年 10 月 3 日アクセス)。
(273) Trade-Related Aspects of Intellectual Property Rights.
(274) Marrakesh Agreement Establishing the World Trade Organization.
(275) 田村次朗『WTO ガイドブック』(弘文堂、2001 年) 188〜194 頁。
(276) アドルフ・ヒトラーを指導者としていた国民社会主義ドイツ労働党。
(277) ロイター (2000 年 5 月 23 日)。
(278) 牧野・前掲注 (218) 297 頁。
(279) Steve Kettmann「ドイツ国内での『わが闘争』ネット販売は是か非か」(2000 年) (http://hotwired.goo.ne.jp/news/print/2000120406.html) (2006 年 10 月 3 日アクセス)。
(280) 牧野・前掲注 (218) 297 頁。
(281) 内田＝横山・前掲注 (9) 209 頁。

第 14 章　裁判管轄と準拠法

(282) 法務省ホームページ（http://www.moj.go.jp/MINJI/minji123.html）（2006 年 10 月 3 日アクセス）。
(283) 内田＝横山・前掲注 (9) 220 頁。
(284) 内田＝横山・前掲注 (9) 290 頁。
(285) 高橋＝松井・前掲注 (76) 293 頁。
(286) 内田＝横山・前掲注 (9) 229 頁。
(287) 高橋＝松井・前掲注 (76) 292 頁。
(288) 内田＝横山・前掲注 (9) 210 頁。
(289) 東京地判昭和 44 年 5 月 14 日判時 568 号 87 頁；東京地決昭和 40 年 4 月 26 日判時 408 号 14 頁。

第15章

ADR と裁判外紛争処理

《本章のねらい》

　ADR とは、裁判外紛争解決手続きのことであり、仲裁、調停、あっせんのように裁判によらない紛争解決方法である。わが国では、「裁判外紛争解決手続の利用の促進に関する法律」（ADR 法）が、平成 16 年に成立し公布された。
　また、仲裁法も平成 16 年に施行された比較的新しい法律である。インターネットを利用した電子商取引でも、今後、これらを活用することが考えられる。
　本章では、これら 2 つの法律を中心に、わが国の裁判外紛争解決手続きを見ていくことにしよう。

15.1 裁判外紛争解決手続

　ADRとは、裁判外紛争解決手続（Alternative Dispute Resolution/ADR）のことであり、仲裁、調停、あっせんのように裁判によらない紛争解決方法を広く指す。たとえば、裁判所において行われている民事調停や家事調停もこれに含まれる。とくに国際商事紛争の解決に広く利用されており、アメリカでは、国際商業会議所（International Chamber of Commerce/ICC）[290]、アメリカ仲裁協会（American Arbitration Association/AAA）[291]、わが国では、日弁連紛争解決センター[292]、国際商事仲裁協会（The Japan Commercial Arbitration Association/JCAA）[293]などがある。
　また、行政機関である建設工事紛争審査会、公害等調整委員会などが行う仲裁、調停、あっせんの手続きや、弁護士会、社団法人その他の民間団体が行うこれらの手続きも、すべて裁判外紛争解決手続きに含まれる[294]。このように、ADRは、訴訟手続きによらず民事上の紛争を解決しようとする紛争の当事者のために、公正な第三者の関与による解決を図る手続きのことである。
　なお、裁判外紛争処理は大きくわけて、仲裁、調停およびあっせんがある。仲裁は、当事者双方が紛争の解決を第三者に委ね、その判断に従うことによって紛争を解決していくものである。なお、当事者同士が、仲裁契約に合意すれば、その後、裁判所に訴えることができなくなる。
　調停は、紛争を解決するために第三者（調停機関）が両当事者のあいだに立ち、双方の互譲に基づく合意によって紛争の解決を図るものである。この場合、調停機関は積極的に両当事者間に介入し解決の糸口を見つけるものである。あっせんは、紛争の解決が円滑に行われるように、両当事者の間に立って、紛争解決の仲介を行う。調停と比べると、両当事者の自主的な解決に重きが置かれる。
　このように裁判外紛争処理機関があるものの、裁判所の調停を除き、民間事業者の行うADRは十分に活用されているとは言いがたく、また十分に機

能していないのが現状である。ADR は、厳格な手続きに則って行われる裁判に比べ、紛争分野の専門的な知識を持つ第三者による柔軟かつ実情に即した迅速かつ低コストの解決が図れることに特徴がある。

　よって、ADR をより利用しやすく、また自由に選択できるようになれば、このような ADR の特徴を活かした紛争解決が行われることになるであろう。とくに、インターネットや知的財産権など高度な専門性が要求される分野では、ADR をもっと活用することにより迅速、公平な解決が可能となるに違いない。

　一方、アメリカでは、訴訟はわが国に比して非常に多い。裁判所は多忙を極め、すべての民事・刑事事件を迅速に解決することが難しい。また、重大事件が優先されるので、民事訴訟が後回しにされる傾向がある。このようななか、企業は民事裁判の遅延に対する自衛策として ADR を積極的に利用している[295]。

　ネットショッピングのトラブルについても、ネットでの ADR サービス提供会社のサイトがいくつかある。たとえば、わが国では、「ADR Japan」というポータル・サイトがある（http://www.adr.gr.jp/）。このサイトの運営主体は、日本商事仲裁協会、日本海運集会所、日本知的財産仲裁センター[296]、および日本弁護士連合会であり、国内外を問わず広く裁判外紛争解決に当たっている。

　アメリカでは、電子商取引紛争を対象とした「Square Trade」や、5 万ドル未満の紛争について登録料 50 〜 300 ドルおよび仲裁報酬 50 〜 300 ドルでウェブベースの商事紛争を対象とする「WEBDispute」、ドメインネームの紛争のみを対象とする ICANN（Internet Corporation for Assigned Names and Numbers）公認の「DisputeOrg」がある[297]。

15.2　ADR 法

　わが国では、「裁判外紛争解決手続の利用の促進に関する法律」（ADR 法）が、平成 16 年成立し公布された。同法は、平成 19 年 4 月 1 日に施行される

ことが決った。

　また、同法は、その目的として、「内外の社会経済情勢の変化に伴い、裁判外紛争解決手続（訴訟手続によらずに民事上の紛争の解決をしようとする紛争の当事者のため、公正な第三者が関与して、その解決を図る手続きをいう。以下同じ。）が、第三者の専門的な知見を反映して紛争の実情に即した迅速な解決を図る手続きとして重要なものとなっていることにかんがみ、裁判外紛争解決手続についての基本理念及び国等の責務を定めるとともに、民間紛争解決手続の業務に関し、認証の制度を設け、併せて時効の中断等にかかる特例を定めてその利便の向上を図ること等により、紛争の当事者がその解決を図るのにふさわしい手続きを選択することを容易にし、もって国民の権利利益の適切な実現に資することを目的とする。」と規定している（同法1条）。

　つまり、紛争の解決を図るのにふさわしい手続きを選択することを容易にし、国民の権利利益の適切な実現を資することを目的に、裁判外紛争解決手続についての基本理念等を定めるとともに、民間紛争解決手続き（民間事業者が行ういわゆる調停・あっせん）の業務に監視、認証の制度を設け、併せて時効の中断等に係る特例を定めその利便の向上を図ることを目的とした法律である[298]。

　とくに、同法では、民間事業者の和解の仲介（調停、あっせん）の業務について、その業務の適正さを確保するための一定の要件に適合していることを、法務大臣が認証する制度を設けた。認証を受けた民間事業者は、認証紛争解決事業者と呼ばれ、次のような効果が与えられる。

　その効果とは、① 認証業務であることを独占して表示することができること、② 認証紛争解決事業者は、弁護士または弁護士法人でなくても、報酬を得て和解の仲介を行うことができること（弁護士法72条の例外）、③ 認証紛争解決事業者の行う和解の仲介の手続きと訴訟が併行している場合に、裁判所の判断により訴訟手続を中止することができること、④ 離婚の訴え等、裁判所の調停を得なければ訴えの提起ができないとの原則がある事件について、認証紛争解決事業者の行う和解の仲介の手続きを経ている場合

には、当該原則を適用しないこと、である。

　また、認証紛争解決事業者には、① 事業の内容や実施方法に関する一定の事項を事務所に提示すること、② 利用者たる紛争の当事者に対して、手続きの実施者（調停人、あっせん人）に関する事柄や手続きの進め方などをあらかじめ書面で説明すること、が義務付けられている。また、法務大臣は、認証紛争解決事業者の名称、所在地、業務の内容や実施方法に関する一定の事項を公表することができるものとしている。なお、認証は任意であり、認証を受けない事業者も、引き続き裁判外紛争解決手続を行うことができる。

　なお、仲裁業務は認証の対象とはされていない。なぜなら、仲裁については仲裁法により時の中断等の法律効果が与えられており、認証により法律効果を与える必要がないからである[299]。

15.3　仲裁法

　仲裁法は、平成16年に施行された比較的新しい法律である。同法は、裁判外の紛争解決手段（ADR）の拡充・活性化の一環として制定され、国際商事仲裁モデル法（UNCITRAL 国際商事仲裁モデル法、1985年6月21日採択）[300]に準拠している。なお、国際商事仲裁モデル法は、国際連合国際商取引法委員会が作成し、国連総会決議において各国にその採用が推奨されているものである。

　同法の概要を整理すると、仲裁合意関係として、① 仲裁合意の対象となる紛争を、当事者が和解をすることができるものとした、② 仲裁合意を要式契約に改め、書面又は電子メール等に契約内容が記録されている場合でなければ、効力を有しないものとした、③ 仲裁合意の対象紛争については訴訟の提起ができず、これに反して提起された訴訟は、被告の申立てにより却下されるものとした、ことが挙げられる。

　仲裁手続関係としては、① 仲裁手続のルールは、原則として当事者の定めるところによるものとした、② 当事者間の合意がない場合の仲裁人の数

を 2 人から 3 人に改めた、③ 仲裁手続の開始により、消滅時効が中断するものとした、④ その他仲裁手続に関する所要の規定を整備した。また、仲裁判断関係としては、① 仲裁判断書の記載事項を定めることをはじめ、仲裁判断に関する規定を整備した、② 仲裁判断書の裁判所への預置制度を廃止した、③ 仲裁判断の取消事由並びに承認及び執行の拒絶事由を整備した[301]。

15.4　日本司法支援センター（法テラス）

　厳密な意味での ADR ではないが、2006 年 10 月から業務を開始した日本司法支援センター（法テラス）がある[302]。いったん紛争が起こった場合や起こりそうな場合、誰に相談すればいいのかわからない、どの相談窓口が自分の悩みを解決できるのか、また、専門家（弁護士、司法書士等）に相談したいがお金がない、という国民の悩みにこたえるために設立された。つまり、法的トラブルを解決するための情報やサービスを提供する。

　日本司法支援センター（法テラス）は、司法制度改革の一環として、平成 16 年 6 月に公布された「総合法律支援法」に基づき設立された独立行政法人であり、全国に 50 箇所に事務所を設け、弁護士や司法書士がいない地域のサポートも行う。主な業務は、法律関連情報の提供、民事法律扶助、司法過疎対策、犯罪被害者支援、国選弁護関連業務である。気軽に相談できる司法の窓口として注目を集めている。

注
(290) 国際商業会議所（International Chamber of Commerce/ICC）（http://www.iccwbo.org/）（2006 年 10 月 5 日アクセス）。
(291) アメリカ仲裁協会（American Arbitration Association/AAA）（http://www.adr.org/）（2006 年 10 月 5 日アクセス）。
(292) 日弁連紛争解決センター（http://nichibenren.or.jp/ja/legal_aid/consultation/）（2006 年 10 月 5 日アクセス）。
(293) 国際商事仲裁協会（The Japan Commercial Arbitration Association/JCAA）（http://www.jcaa.or.jp/）（2006 年 10 月 5 日アクセス）。
(294) 法務省（http://www.moj.go.jp/）（2006 年 10 月 3 日アクセス）。
(295) 牧野・前掲注（218）290 頁。

(296) 日本知的財産仲裁センター (http://www.jp-adr.gr.jp/) (2006年10月5日アクセス)。
(297) Internet Corporation For Assigned Names and Numbers (ICANN) (http://www.icann.org/) (2006年10月3日アクセス).
(298) 法務省「裁判外紛争解決手続の利用の促進に関する法律(概要)」
(299) 法務省大臣官房司法法制部「裁判外紛争解決手続の利用の促進に関する法律(ADR)法について」(http://www.moj.go.jp/KANBOU/ADR/adr01.html) (2006年10月3日アクセス)。
(300) UNCITRAL Model Law on International Commercial Arbtration of 1985.
(301) 厚生労働省司法制度改革推進本部 (http://www.mhlw.go.jp/Shingi/2004/10/s1014-9.html#2) (2006年10月3日アクセス)。
(302) 日本司法支援センター(法テラス) (http://www.moj.go.jp/SHIHOUSHIEN/index.html) (2006年10月3日アクセス)。

参考資料

インターネットによる法律情報の入手

　最近では、LEXIS や Westlaw をはじめとするインターネット経由の法律情報データベースを利用した法律情報の入手がさかんに行われている。しかし、これらの多くは有料であり、無料で手軽に使える法律情報データベースは少ない。このなかでも、実験研究段階のシステムではあるが、学生が無料で手軽にできる法律情報データベースがあるので、それを紹介しよう。

　このシステムは、国際法比較法データベース・システム（International Comparative Law Database System/ICLDS）（http://www.iclds.com）といい、無料で公開されているので誰でも使うことができる。ICLDS は、法学系大学院図書文献支援システム、弁護士参考資料支援システム、および外国人情報支援システムという3つの目的を持って開発された。当システムは、国際法比較法データベースという名称ではあるが、あらゆる分野の法律情報を対象としている。

　ICLDS は、独自の法律情報データベースを持つシステムである。しかし、ICLDS は、世界中の、約1,000サイトの主な法律情報データベースにアクセスすることができるので、学生や研究者にとって非常に便利なシステムである。また、キーワード検索と独自の文献評価システムを採用しているので、どういった法文献が重要であるかが一目でわかる。

　ICLDS の具体的な使用方法や、これを使った法律情報の探し方については、N. プレマナンダン＝高田寛『新世代の法律情報システム―インターネット・リーガル・リサーチ―』（文眞堂、2006年）に詳しく紹介されている。また、本書では、電子的法令集、電子的判例集、電子的図書・雑誌・論文集についても紹介しているので、論文を書く際にも参考となるであろう。

　インターネットは、あらゆる分野で大きな変革をもたらした。法律学もその例外ではない。しかし、インターネットの世界は無秩序な世界でもある。学問をするにおいてインターネットを利用するには、その正しい使用方法のてびきが必要である。ICLDS は、実験研究段階ではあるが、それを念頭に開発されたものである。

わが国のインターネットに関する主な法律一覧

商業登記簿の一部を改正する法律	平成 12 年法律第 40 号
電子署名及び認証業務に関する法律	平成 12 年法律第 102 号
書面の交付等に関する情報通信の技術の利用のための関係法律の整備に関する法律（IT 書面一括法）	平成 12 年法律第 126 号
高度情報通信ネットワーク社会形成基本法（IT 基本法）	平成 12 年法律第 144 号
電気通信基盤充実臨時措置法の一部を改正する法律	平成 13 年法律第 43 号
通信・放送融合技術の開発の促進に関する法律	平成 13 年法律第 44 号
電波法の一部を改正する法律	平成 13 年法律第 48 号
電気通信事業法の一部を改正する法律	平成 13 年法律第 62 号
不正競争防止法の一部を改正する法律	平成 13 年法律第 81 号
電気通信役務利用放送法	平成 13 年法律第 85 号
電子消費者契約及び電子承諾通知に関する民法の特例に関する法律	平成 13 年法律第 95 号
刑法の一部を改正する法律	平成 13 年法律第 97 号
特定電気通信役務提供者の損害賠償責任の制限及び発信者情報の開示に関する法律（プロバイダ責任制限法）	平成 13 年法律第 137 号
不正アクセス行為の禁止に関する法律	平成 14 年法律第 128 号
行政手続等における情報通信の技術の利用に関する法律	平成 14 年法律第 151 号
電子署名に係る地方公共団体の認証業務に関する法律	平成 14 年法律第 153 号
民間事業者等が行う書面の保存等における情報通信の技術の利用に関する法律	平成 16 年法律第 149 号
民間事業者等が行う書面の保存等における情報通信の技術の利用に関する法律の施行に伴う関係法律の整備等に関する法律	平成 16 年法律第 150 号

（出典）首相官邸 IT 法令リンク集（http://www.kantei.go.jp/jp/singi/it2/hourei/link.html）

主な参考図書（インターネット関連）

[順不同]

田島裕『UCC2001―アメリカ統一商事法典の全訳―』（商事法務、2002年）
高橋和之＝松井茂記編『インターネットと法［第3版］』（有斐閣、2004年）
内田晴康＝横山経通『第4版　インターネット法』（商事法務、2003年）
指宿信＝サイバーロー研究会編『サイバースペース法』（日本評論社、2000年）
中里実＝石黒一憲『電子社会と法システム』（サイエンス社、2002年）
増田・舟井・アイファート＆ミッチェル法律事務所『米国インターネット法』（JETRO、2002年）
林紘一郎『情報メディア法』（東京大学出版会、2005年）
第二東京弁護士会消費者問題対策委員会『インターネット消費者相談Q&A』（民事法研究会、2002年）
東京弁護士会インターネット法律研究部『Q&Aインターネットの法的論点と実務対応』（ぎょうせい、2005年）
半田正夫『インターネット時代の著作権』（丸善、2001年）
平野晋＝牧野和夫『判例　国際インターネット法』（プロスパー企画、1998年）
牧野二郎＝酒井広志＝吉岡祥子『インターネットよろず法律相談所』（毎日コミュニケーションズ、2005年）
ショロガネ・サイバーポール編『インターネット法律相談所』（リックテレコム、2004年）
牧野和夫『情報知的財産権』（日本経済新聞社、2003年）
牧野和夫『電子商取引とビジネスモデル特許』（プロスパー企画、2000年）
牧野和夫『ネットビジネスの法律知識』（日本経済新聞社、2001年）
牧野和夫『インターネットの法律相談所』（学陽書房、2005年）
NTTデータ技術開発本部システム科学研究所編『サイバーセキュリティの法と政策』（NTT出版、2004年）
郵政省電気通信局監編『インターネットと消費者保護』（クリエイト・クルーズ、1997年）
中島章智『eビジネス・ロー』（弘文堂、2001年）
平野晋『電子商取引とサイバー法』（NTT出版、1999年）
山下幸夫『最前線インターネット法律問題Q&A集』（星雲社、1997年）

主な参考図書（インターネット関連）

岡村久道『インターネット訴訟2000』（ソフトバンク・パブリッシング社、2000年）
西村総合法律事務所『IT法大全』（日経BP社、2002年）
石黒一憲『国際知的財産権』（NTT出版、1998年）
石黒一憲『国境を越える知的財産』（信山社、2005年）
名和小太郎『サイバースペースの著作権』（NTT出版、1998年）
名和小太郎＝大谷和子『ITユーザの法律と倫理』（共立出版、2001年）
辛島睦＝飯田耕一郎＝小林善和『Q&A電子署名法解説』（三省堂、2001年）
飯田耕一郎『知っておきたい電子署名・認証のしくみ』（日科技連、2001年）
飯田耕一郎『プロバイダ責任制限法解説』（三省堂、2002年）
渡邉新矢＝小林覚＝高橋美智留『電子署名・認証（法令の解説と実務）』（青林書院、2002年）
松尾和子＝鈴木将文＝坪俊宏＝外川英明『ドメインネーム紛争』（弘文堂、2001年）
情報ネットワーク法学会編『インターネットの誹謗中傷と責任』（商事法務、2005年）
藤井俊夫『情報社会と法』（成文堂、2004年）
小林英明『Q&A事例でわかるインターネットの法律問題』（中央経済社、2003年）
マックス法律事務所編『インターネット・デジタルコンテンツの法律知識とQ&A』（法学書院、2000年）
村井純＝インターネット弁護士協議会『インターネット法学案内』（日本評論社、1998年）
渡邉新矢＝小林覚＝高橋美智留『電子署名・認証（法令の解説と実務）』（青林書院、2002年）
大阪弁護士会知的財産法実務研究会編『デジタルコンテンツ法（上・下）』（商事法務、2004年）
富樫康明『インターネット時代の著作権』（日本地域社会研究所、2000年）
クリエイティブ・コモンズ・ジャパン編『クリエイティブ・コモンズ』（NTT出版、2005年）
情報通信総合研究所編『情報通信ハンドブック2006年版』（情報通信総合研究所、2005年）
ローレンス・レッシグ『コモンズ』（翔泳社、2002年）（山形浩生訳）
三山裕三『[新版改訂]著作権法解説』（レキシスネクシス・ジャパン、2005年）
西川郁生『アメリカビジネス法（第2版)』（中央経済社、2001年）

欧文索引

A

AD 変換　184
ADR Japan　237
ADR 法　237
Advanced Research Projects Agency/ARPA　2
AHRA　192
Alternative Dispute Resolution/ADR　236
American Arbitration Association/AAA　240
American Bar Association/ABA　90
AOL（America Online）　195
ARPANET　2
ATM　93, 94
Audio Home Recording Act of 1992/AHRA　192

B

B2B　67, 145
B2C　67, 73
BOT　123
Bulletin Boad System/BBS　168
Business Method Patent　204
Business Software Alliance/BSA　198

C

C2C　67, 107
Certificate Authority/CA　155
chilling effect　31
contributory infringement　194
Cookie　23, 139, 214
Copyright Term Extension Act（CTEA）(1998)　198, 199
CyberCoin　162
Cybercrime Project　112
Cyberspace　3
Cyberspace Law　11

D

Department of Defense/DoD　2

DisputeOrg　237
DNS サーバ　117

E

e キャッシュ　163
EFTA　218
e-Japan 重点計画　10
e-Japan 戦略　10
ElGamal 暗号　153
Elliptic Curve Cryptosystem/ECC　153

F

Feist Publications 事件　88
FLMASK 事件　58, 60

G

Gnutella　195

H

Happy99　122
Hub and Spoke　211

I

IC カード型電子マネー　162, 163
ICLDS　2
Information-Technology Promotion Agency, Japan/IPA　123
Intellectual Property Right　185
International Chamber of Commerce/ICC　236
International Telecommunication Union/ITU　155
Internet Assigned Number Authority/IANA　87
Internet Corporation for Assigned Names and Numbers/ICANN　87, 237
ISP　52, 55, 82, 168, 169
ITU　155
IT 基本法　10
IT 国家戦略　10

248　欧文索引

IT政策パッケージー2005年　10
iモード携帯電話　127

J

JADMA　105
Japan Society for Rights of Authors, Composers and Publishers/JASRAC　192
Japan Network Information Center/JPNIC　86, 87
JARO　102
JPCERT コーディネーションセンター（JPCERT/CC）　123
jpドメイン　86, 87
JPRS　87

L

LOVE LETTER　122

M

Millicent　162
Mondex　162
more speech　22
MP3協会（MP3 Association）　193
MPEG（Moving Pictures Experts Group）Audio Layer 3（MP3）　191

N

Napster　193
NASA　208

P

pharming　116, 126
Phishing　116, 125, 126
Public Key Cryptosystem/PKC　152
Public Key Infrastructure/PKI　152

Q

quasi-property　89

R

RC-VAN チャット・ログ事件　26
Recording Industry Association of America/RIAA　192

Recording Industry Association of Japan/RIAJ　192
Rio PMP300　192, 193
RSA（Rivest Shamir Adleman）　153
rule of law　76

S

Second Level Domain Name/SLD　87
Secure Digital Music Initiative/SDMI　193
Secure Electronics Transaction/SET　92
Serial Copyright Management System/SCMS　192
SNS　7
Society for Administration of Remuneration for Audio Home Recording/SARAH　196
Society for Administration of Remuneration for Video Home Recording/SARVH　196
Square Trade　237
SSL通信　127

T

TCP/IP　2
The Center for Democracy & Technology/CDT　125
The Electronic Signatures in Global and National Commerce Act/E-Sign Act　79
Top Level Domain Name/TLD　87
TRIPs協定　223, 225

U

UCC　79, 149, 158, 159, 221
UNCITRAL　67, 72, 76
UNCITRAL国際商事仲裁モデル法　239
unfair competition　194
Uniform Computer Information Transactions Act/UCITA　79, 149
Uniform Electronic Transaction Act/UETA　79, 149
Utah Digital Signature Act　164

V

vicarious liability　194

VISA Cash　162

W

W32/Antinnyの亜種　122
W32/Bobax新亜種　122
W32/IRCbot　122
W32/Mytobの亜種　122
W32/Soberの亜種　122
W32/Zotob　122
WEBDispute　237
Web-Linking Agreements　90

Windows95　10
Winny　189, 190
WIPO　224
WIPO著作権条約　223, 224
worm　121
WTO　225

Y

Yahooフランス事件　225
YOL　88, 89

和文索引

あ

悪質商法 115
アクセス制御システム 119
アダルトサイト 48, 51, 55, 110
あっせん 108, 226, 238
アプリケーションソフト 69, 72, 74, 119, 124
あまちゅあ・ふぉと・ぎゃらりー事件 60
アメリカ映画協会 198
アメリカ合衆国憲法修正１条 227
アメリカ航空宇宙局 208
アメリカ国防総省 2, 208
アメリカ仲裁協会 236
アメリカ著作権法 198, 199
アメリカ統一商事法典 79, 149
アメリカ特許商標庁 213
アメリカ法曹協会 90
アメリカレコード協会 192, 193, 194
アメリカ連邦特許法 212
アルファネット事件 53
暗号技術 144, 151, 153, 154
安全なデジタル音楽計画 193

い

育成者権 185, 186
萎縮効果 31
意匠権 183
意匠法 186, 223
違法性阻却事由 18
インターネット異性紹介事業者 61, 62
インターネット・オークション 98, 108, 114
インターネット・サービス・プロバイダ 48, 52, 54, 82, 168
インターネット接続業者 83
インタラクティブ 5, 21, 22

う

ウィニー 189
ウイルス 9, 48, 115, 121, 122, 123, 126
ウイルス除去プログラム 122
ウイルスチェックソフト 122
ウォルト・ディズニー 198
ウォレットソフト（電子財布） 163

え

営業秘密 136, 185, 186
映像送信型性風俗特殊営業 50, 55
エスクローサービス 108, 149, 161
閲覧可能状態 53, 54, 58
エフ・エル・マスク 58
援助交際 52, 56, 61, 62
演奏権 187

お

欧州自由貿易連合 218
オウム病事件 90
横領罪 118
オーディオ・ホーム・レコーディング法 192
岡山レディースナイト事件 58
オプトアウト規制 111
オプトイン規制 111
音楽圧縮アルゴリズム 191
オンラインゲーム 115
オンラインショップ 82

か

外観作出責任 91
回路配置利用者権 186
鍵マーク 126, 127
確認画面 75, 76
瑕疵担保責任 101, 108
家事調停 236
仮想社会 3, 12

和文索引　251

仮想店舗　82
割賦販売法　160
カリフォルニア電子署名法　148
カリフォルニア民法　194

き

企業批判サイト　27, 29, 30
逆オークション　8, 205, 206
ギャロップレーサー事件　44, 45
恐喝罪　118
強行法規　232, 233
行政機関個人情報保護法　138
寄与侵害行為　194
強制競売手続き　109
共同著作物　187
脅迫罪　118
業務提供誘引販売取引　98
業務妨害罪　27, 28, 118, 121
金融派生商品　209

く

クーリングオフ制度　105
クッキー　116, 124, 137, 138, 140, 214
グヌーテラ　195
クリックミス　100
クリックラップ契約　69, 70, 76, 77
クレジットカード　89, 90
クレジットカード決済　159, 160
クレジット販売　106
グローバル性　5, 21, 38, 51

け

警察庁情報セキュリティ重点施策プログラム　115
警察庁情報セキュリティ政策大系　115
携帯端末　8
携帯電話　9, 82, 102, 108, 110, 127
景品表示法　103
契約債務の準拠法に関するローマ条約　233
現金自動預払機　93
健康増進法　104
現実の悪意　33
言論の自由　22

こ

公益性　18, 28, 30, 31, 32
公開鍵基盤　152
公開鍵方式　152, 153, 154
工業所有権の保護に関するパリ条約　223
公共性　18, 28, 30, 31
公共の福祉　118
公共の利害　18, 31
広告規制　100, 101, 103, 161
公衆送信権　41, 184, 187, 192, 195
口述権　187
公証人制度を基礎に置く電子公証制度　144
公証人法　157
公序良俗　93, 232
公然わいせつ罪　58
公訴　33
高度情報通信技術　9
高度情報通信社会に向けた基本方針　10
高度情報通信ネットワーク社会形成基本法　10
公表権　188, 189
幸福追求権　36
顧客吸引力　37, 41, 43
国際裁判管轄　218, 227, 229, 230, 231
国際私法　218, 227, 229, 230, 232
国際商業会議所　236
国際商事仲裁協会　236
国際商事仲裁モデル法　239
国際電気通信連合　155
国際法比較法データベース・システム　2
国際民事訴訟法　218
国税徴収法　109
国民生活センター　128
国連国際取引法委員会　78
個人情報の保護に関する法律　133
個人情報保護法　42, 132, 134, 136, 138, 140
誇大広告　99, 100, 103, 104
古物営業法　108
古物競りあっせん業者　108
コンテンツ　50, 57, 83, 90, 172, 191
コンテンツプロバイダ　173
コンピュータウイルス　116, 121, 122, 123
コンピュータウイルス対策基準　123
コンピュータウイルス110番　123

コンピュータ・エンジニア　9
コンピュータ・ソフトウェア関連発明の審査基準　210
コンピュータ電磁的記録対象犯罪　115

さ

サイバーショップ　82
サイバースペース　3
サイバースペース法　11
サイバーテロ　9
サイバー犯罪相談窓口　115
サイバー犯罪対策　114
サイバーポルノ　48, 50, 52
サイバーモール　175
サイバー六法　3
裁判外紛争解決手続　236, 237, 238
裁判外紛争解決手続の利用の促進に関する法律　237
裁判管轄　5, 173, 218, 219, 229
詐欺罪　115, 118, 125, 126, 129
錯誤　69, 74, 75, 100, 105
差止請求　75, 174, 208
産業財産権　185, 186

し

自己決定権　36
事実の摘示　33
システム・オペレーター　21, 23, 24, 25, 27
実用新案権　185, 186
実用新案法　186
指定役務　98, 110
指定権利　98
指定公証人　157
指定商品　98,
私的自治　150, 230
私的独占の禁止及び公正取引の確保に関する法律　208
私的録音補償金管理協会　196
私的録画補償金管理協会　196
自動公衆送信権　174
児童買春行為　56, 62
児童買春、児童ポルノに係る行為等の罰則及び児童の保護等に関する法律　55
児童買春ポルノ禁止法　55, 115

児童ポルノ　55
氏名表示権　188, 189
謝罪広告　37, 41, 174
社内LAN　172
ジャンクメール　117, 127
集団ウイルス感染　9
シュリンクラップ　76, 77
受領能力　73
準拠法　5, 173, 218, 220, 227, 229, 231
準財産権　89
上映権　187
上演権　187
商業登記所　156
商業登記制度を基礎に置く電子認証制度　143
商業登記法　156
商業登記法等の一部を改正する法律　144, 156, 157
商号権　185, 186
使用者責任　174
肖像権　36, 37, 38, 39
譲渡権　187, 225
消費者契約法　106, 109, 161, 231
消費者トラブル　66, 98
消費者保護法制　232
商標　84, 86, 90, 185, 225
商標権　86, 185, 186
商標法　12, 86, 186
情報インフラ　9
情報処理推進機構　123
情報通信技術（IT）戦略本部　10
情報リテラシー　68, 73, 74
ショッピングカート　7
書面一括法　69, 70, 106
書面の交付等に関する情報通信の技術の利用のための関係法令に関する法律　69
人格権　19, 25, 30, 37, 44
新規性　204, 207, 209, 212, 213
親告罪　17, 56, 62
人的属性説・人格一元論　43
人的属性説・人格二元論　43
進歩性　204, 207, 209, 214

す

ステート・ストリート銀行事件　211, 212

和文索引

ストリーミング送信　173
ストリーム・サーバ　173
スパイウェア　51, 116, 124, 125, 126, 160
スパムメール　110, 117, 127, 128

せ

青少年保護　47
青少年保護育成条例　114
世界知的財産権機関　224
世界貿易機関　225
世界貿易機関を設立するマラケッシュ協定　225
セカンドレベル・ドメインネーム　87
セキュリティ・ホール　116, 119
先行技術　213, 214
煽動的表現　117
先発明主義　207

そ

送信可能化権　41, 174, 184, 190
相当の理由　18, 31, 176, 177, 178
双方向・リアルタイム性　5
属人主義　59
属地主義　59
ソフトウェア等脆弱性関連情報取扱基準　123
損害賠償　23, 25, 41, 73, 83, 91, 107, 197
損害賠償責任の制限　169, 175

た

ダービースタリオン事件　44
代位行為　194
代金決済機能　91
対抗言論　22, 24, 25
貸与権　187
ダウンロードファイル　123
楕円曲線暗号　153

ち

チケットマスター事件　88
知識創発型社会　10
知的財産権　185, 198, 208, 215, 219, 223, 237
知的財産権基本法　185

知的財産権の貿易関連の側面に関する協定　223, 225
チャタレー事件　49
仲裁　236, 239
仲裁法　239
調停　236, 239
著作権　83, 85, 174, 184, 194, 224
著作権に関する世界知的財産権機関条約　223, 224
著作者人格権　188

つ

通信販売　50, 82, 98, 100, 105

て

出会い系サイト　61, 110
出会い系サイト規制法　62
抵触法　218
データメッセージ　72, 78
デジタルコンテンツ　184, 231
デジタル情報　6
デジタル署名　79, 151, 154
テナント契約　83, 91
デビットカード決済　160
デモ隊撮影事件　37
デリバティブ　209
電気通信役務利用放送　170
電気通信回線　71, 102, 121, 207
電気通信事業法　121, 170, 171
電子計算機使用詐欺罪　115, 118, 125, 126
電子計算機損壊等業務妨害罪　122, 129
電子掲示板　19, 26, 38, 168, 170
展示権　187
電子広告　101, 102
電子商店　82, 84, 86, 163
電子商店出店者　83, 86, 91
電子商取引　64, 67, 76, 147
電子商取引等に関する準則　72, 94
電子商取引モデル法　67, 72, 78
電子消費者契約　75
電子消費者契約及び電子承諾通知に関する民法の特例に関する法律　71
電子消費者契約法　71, 72
電子署名　143, 145, 147, 149, 154

254　和文索引

電子署名及び認証業務に関する法律　144, 146
電子署名及び認証業務に関する法律施行規則　148, 156
電子署名及び認証業務に関する法律に基づく特定認証業務の認定に係る指針　148, 156
電子署名法　146, 148
電子認証　144, 159
電子文書法　70
電子マネー　92, 161, 163, 164
電子モール　82, 84, 90, 219
電子モール運営業者　82, 83, 90, 91
デンバー事件　40
電波法　117, 118
電話勧誘販売　98
電話番号簿事件　40

と

統一コンピュータ情報取引法　79, 149
統一電子取引法　79, 149
同一性保持権　189
同時履行の抗弁権　108
到達主義　68, 71
トータルニュース事件　90
独占禁止法　199, 208, 215, 232
特定継続的役務提供　98
特定商取引に関する法律　98
特定商取引法　98
特定電気通信　169, 170, 171, 172
特定電気通信役務提供者　169, 171, 172
特定電気通信役務提供者の損害賠償責任の制限及び発信者情報の開示に関する法律　21, 169
特定電気通信設備　171, 172, 175
特定電子メールの送信の適正化等に関する法律　110
特定電子メールの送信の適正化等に関する法律の一部を改正する法律　110
特定電子メール法　110, 111
特定認証業務　147, 148, 156
独立行政法人個人情報保護法　140
特許権　8, 174, 185, 200, 206, 208, 209
特許出願　206, 208, 222
特許庁　204, 209, 210, 214

特許法　185, 206, 223
ドット・コム企業　209
ドメインネーム　84, 86, 237
トップレベル・ドメインネーム　87
都立大学事件　25

な

名板貸し責任　90
ナップスター事件　7, 193, 194
なりすまし　6, 82, 85, 92, 119, 124, 126, 144, 146

に

二次的著作物　187
二重審査　214
二重スパイ　125
二次録音防止装置　192
日弁連紛争解決センター　236
2ちゃんねる　17, 19, 21, 26, 189
ニフティーFBOOK事件　24
ニフティーFSHISO事件　23
ニフティーサーブ　23, 24
ニフティーサーブ現代思想フォーラム事件　23
日本音楽著作権協会　192, 196
日本海運集会所　237
日本型デビットカード　160
日本広告審査機構　102
日本司法支援センター　240
日本商工会議所　109
日本知的財産仲裁センター　237
日本通信販売協会　105, 109
日本ネットワークインフォメーションセンター　86
日本弁護士連合会　237
日本レコード協会　192, 196
日本レジストリ・サービス　87
ニューヨーク・タイムズ社対サリバン事件　33
認証機関（認証局）　144, 153, 155
認証制度　146, 156
認証紛争解決事業者　238, 239

ね

ネットオークション　107, 108, 109, 161
ネット証券　11, 124, 125

和文索引　255

ネットショッピング　3, 6, 8, 41, 77, 94, 98, 100, 214
ネットバンキング　94, 114, 124, 125
ネットワーク型電子マネー　162, 163
ネットワーク機器　10
ネットワーク・コンピュータ　10, 119, 120
ネットワーク災害　9
ネットワーク利用犯罪　114, 115

は

バーチャルショップ　82
バイオメトリックス技術　154
ハイテク犯罪　9, 115, 190
ハイテク犯罪対策総合センター　121
ハイパーリンク　51, 58, 60, 87
破壊活動防止法　117
パケット交換方式　2
パスワード　114, 116, 120, 125, 126, 132, 139, 161
バックアップデータ　120, 121
バックドア　121
ハッシュ関数　154, 157
発信者情報の開示請求　169, 179
発信主義　68, 71
ハブ・アンド・スポーク特許　211
パブリシティ権　35, 37, 41, 43
パブリック・ドメイン　85
犯罪の国際化及び組織化並びに情報処理の高度化に対処するための刑法等の一部を改正する法律案　49, 54
反トラスト法　193
頒布権　187
万物属性説・人格二元論　46

ひ

ビジネス関連発明に対する判断事例集　210
ビジネス・ソフトウェア・アライアンス　198
ビジネス方法の特許　203, 204, 208, 209, 211, 212, 213, 214
ビジネスメソッド特許　204
ビジネスモデル特許　7, 204
誹謗中傷　22, 29, 36, 39, 176
秘密鍵　152, 153, 154
表現の自由　11, 16, 28, 49, 169

ふ

ファーミング　116, 125, 126, 127
ファイルサーバ　123
フィッシング　94, 116, 125, 138
風俗営業法　48, 50, 51, 55
複製権　41, 187, 190, 192
複製容易性　6
附合契約　69, 76
侮辱　17, 27, 30, 39
不正アクセス　119
不正アクセス禁止法　114, 115, 121
不正競争法　194
不正競争防止法　84, 86, 88, 136
不特定多数性・匿名性　6
不法行為　11, 17, 23, 25, 89, 175, 218, 228, 229
プライバシー権　36, 38, 40, 42
プライバシーポリシー　141
ブラウザ　116, 124, 126, 127, 139
ブラウズラップ契約　76
ブリュッセル条約　218
フレーム　84, 89
ブロードバンド　4
プロバイダ責任制限法　21, 24, 167, 169, 171, 179
プロパテント政策　198, 212, 213
文学的および美術的著作物の保護に関するベルヌ条約　223, 224
分散型コンピュータ・ネットワーク　2, 9

へ

ペイメントゲートウェイ　92
ベッコアメ事件　52
ペット大好き掲示板事件　26
返品特約　103, 105

ほ

放送法　118, 170
法廷地国　218
法テラス　240
法の適用に関する通則法　218, 227, 232
訪問販売　69, 98
訪問販売等に関する法律　98, 193

和文索引

訪問販売法　98, 193
翻案権　187
翻訳権　187

ま

マーク・レスター事件　41
マイクロソフト　10, 197
マイクロプロセッサ　124
前払式通信販売　105, 106
マスク処理　51, 57, 58
マルチ商法　98
マルチメディア　8, 192, 193

み

ミッキーマウス　198, 199
ミニマム規制　8
民間事業者等が行う書面の保存等における情報通信の技術の利用に関する法律　70
民事及び商事に関する裁判管轄並びに判決の執行に関する条約　218
民事訴訟法　150, 218, 229, 231
民事調停　236

め

名誉毀損　15, 17, 18, 23, 36
迷惑メール　99, 110, 117, 128, 129, 170
メッセージダイジェスト関数　154

も

物のパブリシティ権　39, 43, 44, 45
モンキータワー事件　53
モンティ・パイソンの空飛ぶサーカス　127

や

薬事法　104
約款　69, 76, 93, 100, 231

ゆ

夕刊和歌山時事事件　18
ユーザID　119, 124, 126, 139
有線放送　55, 170, 186

よ

預金者保護法　94, 160
読売オンライン　88
読売新聞社対デジタルアライアンス事件　88

り

了知可能状態　72
リンク　51, 60, 76, 84, 87, 96, 205

る

ルガノ条約　218

れ

連鎖販売取引　98

ろ

ローマ法　230
ローレンス・レッシグ　198, 199

わ

ワーム　117, 121, 122
わいせつ画像　39, 48, 51, 54, 57, 61
わいせつ写真　56
わいせつ表現　52
わいせつ物公然陳列罪　49, 52, 57, 60
わいせつ物頒布罪　57
わいせつ文書　61, 115
ワクチン　122
ワン切り　110
ワンクリック手法　213, 214

著者紹介

高田　寛（たかだ　ひろし）
1953年生まれ。静岡県出身。静岡大学工学部情報工学科卒。同大学院工学研究科情報工学専攻修士課程修了。筑波大学大学院ビジネス科学研究科企業法学専攻博士課程前期修了。静岡放送（株）、日本ディジタル・イクイップメント（株）、コンパック・コンピュータ（株）を経て、現在、日本ヒューレット・パッカード（株）人材開発デリバリ本部PDM担当部長。国士舘大学法学部現代ビジネス法学科非常勤講師、産業能率大学情報マネジメント学部兼任講師、特種情報処理技術者。企業法学会理事。司法アクセス学会会員。主な著作に、「アメリカにおけるコーポレート・ガバナンス」（企業法学Vol.10、2003年）、『新世代の法律情報システム―インターネット・リーガル・リサーチ―』（共著）（文眞堂、2006年）など。

Web2.0インターネット法
―新時代の法規制―

2007年4月20日　第1版第1刷発行　　　　　検印省略

著　　者　　高　田　　寛
発　行　者　　前　野　眞太郎
　　　　　　　東京都新宿区早稲田鶴巻町533
発　行　所　　株式会社　文　眞　堂
　　　　　　　電　話　03（3202）8480
　　　　　　　FAX　03（3203）2638
　　　　　　　http://www.bunshin-do.co.jp
　　　　　　　郵便番号（162-0041）振替00120-2-96437

印刷・㈱キタジマ　製本・イマキ製本所

Ⓒ 2007
定価はカバー裏に表示してあります
ISBN978-4-8309-4568-7　C3032